U0856819

# 终身学习

## 10个你必须掌握的未来生存法则

[美] 丹·苏利文 [加] 凯瑟琳·野村——著
吴果锦——译

**THE LAWS OF LIFETIME GROWTH:**
ALWAYS MAKE YOUR FUTURE BIGGER THAN YOUR PAST

长江出版传媒 | 湖北教育出版社

（鄂）新登字02号

图书在版编目（CIP）数据

终身学习：10个你必须掌握的未来生存法则 / (美) 丹·苏利文, (加) 凯瑟琳·野村著; 吴果锦译.
—武汉：湖北教育出版社，2018.4（2019.7重印）

ISBN 978-7-5564-2193-0

Ⅰ.①终…

Ⅱ.①丹… ②凯… ③吴…

Ⅲ.①成功心理－通俗读物

Ⅳ.①B848.4-49

中国版本图书馆CIP数据核字（2018）第055844号

著作权合同登记号：17-2018-091



终身学习：10个你必须掌握的未来生存法则
ZHONGSHEN XUEXI : 10 GE NI BIXU ZHANGWO DE WEILAI SHENGCUN FAZE
出版发行 湖北教育出版社
邮政编码 430070 电 话 027-83617853
地 址 武汉市洪山区雄楚大道268号
网 址 http: //www.hbedup.com
经 销 新 华 书 店
印 刷 唐山富达印务有限公司
地 址 天津宁河区芦台镇经济开发区贸易开发区荣华路与友谊道交叉口
开 本 880mm × 1230mm 1/32
印 张 6.5
字 数 180千字
版 次 2018年5月第1版
印 次 2019年7月第9次印刷
书 号 ISBN 978-7-5564-2193-0
定 价 48.00元
如印刷、装订影响阅读，承印厂为你调换

# 赞 誉

本书可谓“智慧之源”。

——约翰·马克斯韦尔

《纽约时报》畅销书作者

本书虽薄，但见解深刻；从某些方面来看，本书蕴含的哲理反映的是经久不衰的智慧。

——詹妮思·弗德·柯克

《多伦多星报》

若把对我人生影响最深刻的老师、培训师列个名单的话，丹·苏利文绝对会位于榜首。他的战略培训公司、书、CD深深影响了我的事业和生活。

——杰克·坎菲尔德

《纽约时报》畅销书排行榜榜首作品《心灵鸡汤》系列、《成功原理》作者这是一本人性化的指南，能让人体验和增加对人生的爱和感激，能让人学会真真正正地生活……强烈推荐给所有想要深度了解个人思维、寻求个人成功和满足的读者。

——《威斯康星读书·中西部书评》

本书的的确确是关于成长，关于人生、人际关系、事业、经济状况改变的行动指南，应时常翻阅。

——玛丽·D·琼斯

书评人

一本通俗易懂而有趣的读物。

——哈维·沙克特

《环球邮报》

这是一本大气的小书。说它小，是因为它只有口袋那么大，便于携带；说它大，是因为作者在书中呈现了即学即用的深刻见解和智慧。把这本书带在身边吧，读读里面迷人的小故事，学学其中永恒的、个人成功的智慧，你的机遇将蜂拥而至。下次候机的空当读读本书，那将是一段难忘的奇遇。

——《CEO 参考》

本书内容极具冲击力，读罢即可学会“着眼现在，谋划将来”的智慧。

——麦克·森桑

converstations.com 创始人

如果你正身困死胡同——事业、人际关系、生活……那你应该读一读丹·苏利文和凯瑟琳·野村合著的《终身学习》。

——《加州读书·中西部书评》

本书与边际收益增长、现有客户增销无关，书中所述的方法浅显而灵活，将帮助各行各业的企业家成长——其中就有他们从未考虑过的方法。

——马克·亨里克斯

《企业家》杂志

超爱这本书！《终身学习》不仅是一本书，还是强大的新思维方式的导航图，即学即用。

——大卫·巴赫

《纽约时报》畅销书排行榜榜首作品《自成百万富翁》作者

一生的成长法则

明天总比昨天更美好

谨将此书献给

芭布斯和希尔达

C O N T E N T S

# 目　录

# 自序丨成长思维

本书虽小，却立意深远。其之所以能够小中见大，是因为它着眼于人的思维方式——在一念之间发生转变。如果你曾有过“恍然大悟”的时刻，并且从此之后改变了思维方式，那你一定能明白我们的意思。在工作中我们发现，“成长”是思维的功能之一。改变思维方式，有时就能从“停滞不前”变为“不断成长”，我们将这种情况称为——总是使“明天”比“昨天”更美好。

导致本书篇幅不大的另一个原因是——大家都曾有过这种经历。在谈到“成长”这个话题时，我们都有很多经验可以借鉴。因为，只要掌握了正确的思维方式，我们就能记住那种感觉，就能举一反三、触类旁通，就能将其变成有意识的、主动的行为。

现在，与2006年本书第一版出版时相比，拥有成长思维已不仅仅是一种巨大的优势，而常常是“苦苦挣扎”与“蒸蒸日上”的区别所在。相比从前，当今世界可谓瞬息万变，给大家带来无尽的挑战和机遇。在种种不确定性和纷杂的变化面前，有人选择置若罔闻，有人则乘风破浪，其区别在于他们的思维方式。如果你想寻找能够带来丰厚回报的成长机会，眼下即是一个很好的时代，但你得掌握一种看待事物的思维方式，使你能够看到身边的机会并将其最大化。《终身学习》能帮你做到这一点，书中的法则能使你每一日、每一周都把注意力放在成长上面，朝着更美好的、属于你自己的、有着无穷吸引力的、激励人心的明天前进，从而帮你在看似应接不暇的机遇海洋中找到成长的路径。

大家也许会好奇这些法则从何而来，以及我们如何将其归纳为短短的10句话。这两个问题的答案，在于我们从工作中总结出的独特的观点，而我们的工作，是与非常成功的、以成长为导向的企业家打交道。尽管他们来自世界各地，背景各异，其目标也各不相同，但在我们与他们结识之前，他们早就具有了一个共同点，那就是——他们身上都有一种推动其达成非凡成就的、对成长的渴望。然而，有些企业家却被自己的成功——尤其是它所带来的复杂的生活——捆住了手脚。除此之外，他们跟我们一样，同样生活在这个瞬息万变、愈发难以预知的世界里。所以，尽管按照大多数人的标准他们已经是“成功人士”，但是他们仍想继续成长——不仅是在事业上，还表现在生活上。在达到这个目标的同时，他们还想要变得更加自由。于是，他们便找到了我们，向我们寻求帮助。

战略培训公司所创设的每一个方法和理念，都来源于最基本的原则。丹·苏利文有个杰出的才能，即观察他人，发现其成长过程中的障碍（包括他自己的）并找到其思维方式上的根由。然后他会问你问题，分析来龙去脉，想出简单有效的方法和方式，帮你看清并改变思维方式。本书中的10条法则和一些小窍门都是这一过程的产物，它们均是放之四海而皆准，并非仅在企业家身上有效。任何人，在人生的任何阶段，都可借鉴书中的智慧。不论何地，不论何种文化背景，不论什么情形，不论年长年幼，大家都可以看到，只要与成长有关，这些法则就在发挥着作用。

作为垂范，我们把这些法则融入公司文化之中，在遍布两个大洲的、由大约 120 名员工组成的团队中推广。“不断成长”这 4 个字是对我们宏伟目标的简单概括（大家在法则九的结尾部分将会读到），而芭布斯——丹·苏利文的妻子和事业伙伴、战略培训公司的领导者——也支持整个团队这样做。

虽说思维方式的转变是瞬息之间的事，但要在极端情况下保持成长思维，需要实践和领悟。《终身学习》简单易懂，可随时将大家调整到“成长思维”上来。在读过全部章节之后，只需瞅一眼目录——亦即 10 条法则列出的地方，便足以使你“不脱轨”，在你停滞不前或需要激励的时候帮你回到正轨上来。在本书第二版中，我们在每一章结尾处都增加了很多指导，还在全书结尾处向大家介绍了一种新的思维方法——“成长聚焦”，以帮助大家更积极主动地培养自己的成长思维。

## 前言 ‖ 成长的渴望

成长是所有人的基本欲求。不论你有何种目标，为何奋斗，只要你想今后的人生中有现在没有的东西，那就是这种欲求的表现。所有能给你带来成就感、满足感、意义感、进步感的东西，其根基都是“成长”。“成长”使你的明天比昨天更美好。

然而，有时候人们的确会停止成长的步伐。大家都有这种回忆，在电影、文学作品中屡见不鲜，在实际生活中也是如此。你最近参加过同学聚会吗？你会发现，有些老同学的境况已经有10年、15年，甚至20年都没有改变了。根据你本人立场的不同，这一发现可能会令你宽慰或震惊。大家可能都认识这样的人：一位男士退休之后迷失了人生方向，都快把老伴儿逼疯了；一个男人仍以 40 年前的方式对待女性，却纳闷她们的回应不再像 40 年前一样；一个上班族，干着一份没有前途的工作，每天打卡上班工作，打卡下班回家睡觉，日复一日年复一年……

这种不知出于什么原因而停止成长——或者是暂时的，或者是无限期的——的例子，在我们身边屡见不鲜。而你之所以读这本书，也许是因为你不想变得跟他们一样。也许，你现在有点儿原地踏步的感觉；也许，你正处于成长过程中的艰难阶段，正在寻求启迪、激励和指引；也许，你只是想在自己的成长过程中获得所有有利的资源。绝大多数人在人生的不同时刻都会遇到与成长有关的难题，因为，尽管我们渴望成长，但成长绝非易事。我们在战略培训公司中接触到的企业家，有些是非常成功、享誉国际的人物，然而，他们也跟其他人一样，在成长之路上面临同样多的挑战。

## ‖ 前言 ‖

### 成长的渴望

在一个科技日新月异、迅猛发展的世界，对渴望兴旺不衰的人来说，不断成长的能力是其基本需求。拥有这种能力，就有了开启无尽宝藏的钥匙。要拥有这种能力，关键在于培养一种成长思维。这样才能自然而然地选择成长的道路，而不是在人生每天提供给我们的不计其数的机遇面前不知所措。

本书所列的10条法则就像镜子一样，可以用来照见自己的行为，看看这些行为是推动还是破坏了你的成长。使用这些法则，就像出门前在门廊里照镜子一样——匆匆一照，检查仪容是否妥当，如有不妥，调整一下再出门；或是像在镜前长时间仔细检视一样，打算找出需要花工夫改正的地方。出于以上目的，这些法则是很有用的，因为你很难仅凭感觉去判断自己是否沿着正确的轨道成长。在成长这件事上，偶尔，我们都可以“思维重置”一下（这是我们某位团队成员的叫法）。

哈佛大学教授罗莎贝斯·莫斯·坎特（Rosabeth

Moss Kanter）有一个睿智的观点："事到半途，都仿似失败。"有时候，成长所带来的痛苦感觉就像失败一样；而有时候失败本身就是成长的一部分。成功的企业家都很明白这个道理。他们中的绝大多数人，在成功之前都经历过失败。1978 年 8 月的某一天，丹·苏利文同时体验到了破产和离婚的滋味，他将那次"双祸临门"称作"市场调查"。他这个说法并非表示当时那两件事不叫失败，而是他从中吸取的教训，对他创办现在这个与人生伴侣芭布斯共同经营的、数百万资产的公司来说是至关重要的。

在成长遇到困难时，对照书中法则进行自查调整，能帮助你"不脱轨"或重拾承诺。在书中的诸多事例中，挑战或看似不太理想的境况都提供了大量机遇，能使人进入到更好的境况。有些经历是你想逃避或者忘却的，但这些法则能帮助你从中获取最大的价值。

即便是在一帆风顺的时候，用成长法则来检视自身情况，也能带来丰厚回报。如愿以偿或达成目标都会令人感觉良好，但这种良好的感觉并不能保证你继续沿着正确的轨道成长。事实上，它常常会将你引入成长的陷阱。金钱、赞誉、报答、安逸甚至辉煌的过往，都是充满诱惑的东西，也都是成长的辅助工具。而决心、表现、付出、自信、志向，它们都是成长的动力。一旦后者开始被前者压制，你成长的能力就会大大削弱。

书中的法则都是我们对成长起源的观察结论。如果“法则”这个用词令你感觉不快，你可以试着想想我们最近在街区见到的一件T恤衫上的玩笑话：那件T恤上画了一名警察，他右手举起，身旁配的文字是“遵守重力律！”。当然，不论你遵守与否，大自然的法则是无法改变的。你若是无视“重力律”，从屋顶跳下，那给你善后的就不是“重力警察”了。同理，如果你不遵循成长法则，也不会有“成长警察”找你的麻烦，你只会发现自己的成长不再那么顺利而已。

大家可以将每条法则套上这样的格式：“如果……我就能不断成长”，比如说，如果我能使明天总比昨天更美好，我就能不断成长。这就是人生的运转规律。你可以仰仗它。理解了这些法则之后，你就可以更自觉地、更可预见地保持成长势头，就像科学定律能帮助我们预知物理世界里行为的结果一样。

用这些法则来校准自己的行为，能使你对自己的未来更有控制力，从而增加你的自由和自主性。这样做的话，还能明确地将成长的责任放在你的肩上。你可以选择如此生活，也可以做出相反的选择。成长并非易事，但它能带来丰厚的回报，生活时时为我们提供成长的机遇。所以，一旦你将成长当作中心目标，生活就时时充满机遇。

一旦你的行为和思维变得以成长为导向，一旦你开始体验到它如何影响你和别人的人生，你就会越发明白，保持成长思维所带来的回报，要远远胜过你所遇到的挑战。成长的欲求完全是对生存的热爱，是对存在的激情，是对充分探索人生的渴望。一旦你决定用这 10 条法则的基本原理来校准自己的行为，你就决定了去充分利用上天赋予你的人生——人生的全部。话说回来，毕竟，除此之外，你还能给自己更好的回报吗？

法则一

CHAPTER ONE

# 将来为上，过往次之

**你如何设计将来，就能拥有多大未来。**

一个更美好的明天，对一生的成长至关重要。“过往”很有用处，因为它蕴含了丰富的经历，而这些经历都值得换个角度去回味。并且，这些宝贵的经历都能变成打造美好未来所需的原材料。怀着这种心态回忆过去，你就会立刻产生无尽的渴望，想要变得更好，想要更愉快的经历。利用“昨天”去创造更好的“明天”，这样你就能从受困的境况、人际关系、活动中脱身而出。

你的“将来”是你的“私人财产”。因为从字义上理解，“将来”尚未发生，它只存在于你的想象中。这就意味着，你可以随心所欲去塑造“将来”。把“明天”变得比“昨天”更好，这本身即是成长：美好的将来是你的设想，而成长就是使设想成真的方法。美好的将来是你自己的设想，是你预计在人生道路的前方某一点上（不论是一周之后，还是25年之后）真正变得比眼前更强、更好、更满足、更快乐。这些设想包括所有你想看到的、比眼前现实更好的情形：更有学识，做出更多贡献，机遇更多，能力更强，理解力更强，信心更强，生活质量更高，更富同情心，人脉更广……诸如此类，它只受限于你的想象力大小。有些人对将来的美好设想大多只是与自己有关，有些人则将对其他人和事的贡献囊括在内。

## 相信自己会有美好的将来

创造一个更美好的将来，这种行为本质上是一种想象。然而，你得愿意让想象朝这里走才行。出于多种原因，人们常常不会这样做。相反的，鉴于家人或旁人的经历，他们往往会设想将来的生活一成不变，或以可预见的方式发展。有些人甚至希望人生可以回到以前某个“黄金节点”上去，但他们也知道，在当今瞬息万变的世界里，这种设想是不可能实现的。以上两种情况中，那些人对未来的设想都被“过往”封杀了。

要想使“明天”比“昨天”更美好，首先你得希望，你得相信——无论身处人生的哪个阶段，无论当下境况如何，美好的将来是可以达成的。这种信念往往足以使你保持成长的步伐。并且，它往往需要很大的勇气。

## 敢于设想

以凯瑟琳·野村（即本书作者之一）的妈妈希尔达为例。她出生于一个非常贫穷的家庭，是家里8个孩子里的老六。他们家太穷了，她的父母只能将孩子供养到合法的工作年龄。希尔达的哥哥姐姐都是在16岁辍学，然后就开始打工养家。在20世纪50年代，一个连高中文凭都没有的16岁女孩，尤其是出身如此贫穷，其前途是十分黯淡的。然而，希尔达是个优秀的学生，并且，她还非常倔强。她对老师这个职业心怀狂热。可是要成为老师得先完成学业才行。考虑到她当时的境况，这是个遥不可及的目标。于是，希尔达做了一个大胆的决定：她要离开家，自食其力，以一些热心老师帮助她申请的奖学金为生。16岁的希尔达，怀着自信和对美好未来的强大信念，离家出走，生活在 YMCA[①]。此后，她读完高中和大学，如愿当了一名老师，在讲台上站了 30 年之久。

希尔达从小在一个缺少物质资源和精神鼓励的家庭中长大，可她坚信自己能有一个美好的将来。这个世界满是类似的例子。也许大家会纳闷，为什么有些人能从困境中或平凡的起点上破茧而出，而有些人却一蹶不振？仔细观察一下便能发现，其区别基本上都是在于他们如何利用自己的过往。

每件往事都蕴含着丰富的“原材料”。乔·伯利兹是个意气风发的成功企业家。他不断在事业上追求更大的目标，并在此过程中帮助了越来越多的人。在别人眼中，乔是个杰出的营销者和访谈人。他为自己的“天才网络”（Genius Network）系列活动和各种播客而采访市场营销行业和企业界的杰出人物，还始终吸引顶级企业家参加他组织的培训

①基督教青年会，是全球性基督教青年社会服务团体。——译者注

小组和活动。他有一个独特的才能：通过稍带滑稽的幽默感和真实坦率的风度，使人放下戒心，敞开心扉与他交流。

很多人不知道的是（尽管他并未刻意隐瞒），使乔变成现在这个贡献突出的成功企业家的人生转折点要追溯到数十年前。当时，在一个疯狂混乱的时刻，他突然意识到：如果不能摆脱眼前的环境，他就会死掉。在生死攸关的时刻，他选择了一个更美好的将来。尽管在当时，“美好的将来”仅仅意味着要活下去。毒瘾是他乱糟糟的年青时代的产物。为了克服毒瘾，他离开了与其他吸毒者同住的房子，到另一个城市与父亲生活在一起，从此改过自新。他4岁丧母，多年以来深陷沉痛难以自拔。除此之外，他还经历过霸凌、性骚扰、四处搬迁，这些经历使他变得内向、孤僻，难以适应新环境。直到后来，他用吸毒、叛逆、行为失控来逃避现实世界。

然而，即使是在吸毒的那段日子里，他还是读了很多心理学方面的书籍。他入迷似的想要弄明白人们行为的缘由。与其他想在难以预料的危险人物面前、在折磨人的环境中自我保护的孩子一样，他变得极其善解人意。此外，他还弄明白了——他其实并非有意伤害别人，他真正想做的是给予他们帮助，不过尚不知道该如何去做。在很小的年纪，他就积累了大量经验——大量往事。经过努力，这些往事就能变成一种根基，根基上面是一个最终带来丰厚回报的将来。

后来，乔跟父亲搬进拖车生活。他找到一份销售工作，并且发现自己很擅长于此。不久之后，一个朋友鼓励他试试地毯清洁行业。他开始阅读市场营销方面的书籍（在他眼里，市场营销跟应用心理学是一样的），加深了对人类行为的理解。在 6 个月的时间里，他的月销售额就从 2100 美元上升到 12 300 美元。不久之后，他开始将自己总结的营销技巧传授给其他地毯清洁员。作为市场营销大师和顾问，他的事业就此起步。

有一天，他与很多名人共同参加了一个上流社会的活动。他发现，这些各行业的领军人物——亿万富翁、奥斯卡金像奖得主、著名运动员、政客——都很消沉。他意识到，尽管他们受到世人的景仰，可事实上，他们非常孤独，与他以前见到的那些消沉的普通人没什么两样。这种情况在很多杰出企业家身上同样出现：很多企业家都是工作狂，而“工作狂”不过是较体面的一种“毒瘾”而已。

极少有人能看到别人身上的这种痛苦，而乔的人生经历给了他洞察力和远见，使他成了极少数人中的一个。他痛苦的经历，以及目睹别人的痛苦境况，都变成了一种“原材料”，使他渴望将事业上努力得来的机遇与别人联系起来。他眼下的大计划包括几个新项目，利用他独特的“混合工具包”——来之不易的技能、资源、洞察力、人脉、同情心等——去帮助企业家和吸毒者提高生活水平，减少痛苦。“希望”是他从小就有的宝贵财富。心怀希望，哪怕是在最混乱的时期，他都能看到美好的将来，然后采取行动，先谋求生存，再学习，最后提高自己的能力，扩大对别人的积极影响。

## 跬步至千里

从前文大家读到的是，人在年轻时如何选择美好的将来，其人生轨道如何发生巨变。可是，如果你年纪大了，或身体欠佳，你有光辉的往事和经历，却只有寥寥数年的寿命，那该如何是好？在这种情况下，怎样才能使将来比过去更美好？在活过一段充实的人生之后，即便你猜测余下的时间只有数月、数周甚至数天，你同样能做到这一点。“成长”其实可以是很简单的一件事，如努力学点知识，以增加你对世界的了解，或利用余生做出新的贡献。

在人生最后的日子里，98 岁高龄的西班牙人安东尼奥·裴让住在多伦多，他精神矍铄，仍然颇有主见，仍有爱美之心。年轻时，他住在加泰罗尼亚[①]，是个农夫。他曾亲身经历过西班牙内战和两次世界大战。尽管活了将近一个世纪之久，安东尼奥仍对世界怀有强烈的好奇心。因为身体已经不如以前那样灵便，电视就成了他了解新鲜有趣

① 西班牙东北部一地区。——译者注

事物的窗口。在看了一个多伦多贝塔鞋类博物馆（The Bata Shoe Museum）的专题报道之后，他就让孙女莉莎带他到那家博物馆去看看。他简直不敢相信，在一栋建筑物里竟然有那么多鞋！当天参观结束时，他用西班牙语对孙女说："谢谢你。今天我学到很多东西。"

这个事例说的是：美好的将来不必宏伟而华丽，也不必是大跨步或飞越。绝大多数成长其实是很多小步积累的结果，关键在于脚步不停。

## 把未来的价值最大化

有时候，人的未来会被超出能力控制的事情打断，但美好的将来并不在于你还有多少时间，而在于你这段时间是怎么过的。下面继续说希尔达的故事：

希尔达真心喜欢教书和学习，这两件事都融到她的骨头里去了。她知道她是在为学生的人生增砖添瓦，而学生的成功和感激就是对她最大的回报。有一次，在泰国山地部落村庄旅行中，她失踪了。人们找到她的时候，她正坐在一个小棚屋的外面，身边围着当地的孩子。他们正教她说拉祜语，而她则教他们英语单词。人们正是循着阵阵欢笑声找到她的。

59 岁时，希尔达被诊断出患了一种罕见而难以治疗的癌症。发现体内的肿瘤时，她已经只有几个月的时间可以活了。刚一得知这个消息，她就做了决定：把短暂的余生用在最有意义的学习和教育上面。她决定用最优雅的方式处理自身的境况，并向大家展示如何庄严、自觉而周到地应对死亡。她的第一个学生是位年轻的医生，他在希尔达的正式诊断结果出来之前的晚上告诉她说，她并未患上癌症。希尔达和蔼而明确地向他解释了他的误报给她、她的家人和朋友带来了怎样的影响。这是他一生都会铭记的一课。

在随后几个月时间里，希尔达用她看待死亡的态度和勇气启迪了很多人。“死亡教育”是很难的，因为绝大多数人都不愿面对它。不知怎的，希尔达设法在“希望”和“实用主义”之间谋求到了平衡——不放弃，不拒绝接受现实，而是冷静地谈论将来，谈论将会发生什么。

5个月后，希尔达去世了。殡仪馆额外开了一个侧厅才能容纳不请自来的凭吊者。300多人赶来吊唁，说希尔达的人生对他们意义非凡。希尔达16岁就怀揣志向离家出走，她活得很勇敢，而她死得更加英勇。在人生的最后几个月时间里，尽管从某些方面来说她的物质生活已被疾病摧毁殆尽，但她还是决心抓住成长的每一次机遇。所以说，不论境况如何，我们总能使“明天”比“昨天”更美好。利用你的所学所做，将其用作根基，更上一层楼——探寻更有深度的问题，做出更大贡献，取得更多成就，学到更多知识……随后的9个法则将会深化你的认知，教你如何做到这一点。跟随“已知”的指引，去探索宏大的“未知”。所有这些将会使你不断成长，直到人生的最后一天。

## 如何起步？

自问一个与未来相关的问题。倘若你不知道如何设想将来是什么样子，可以试试问自己一个问题。比如：3 年后你坐在这里，回头想想此时此刻，在这 3 年时间里，发生了什么令你对自身成长感到高兴的事？在战略培训公司中，我们将其称作“R 问题”，“R”代表的是“联系”。通过自问这个问题，就能帮你建立起与美好将来的联系。

设定目标。为自己设定目标，这样你就自然而然地从过往中抽身而出，去创建美好的将来。倘若你想不出有意义的目标，这里有个好办法：在纸上写下 5 ~ 10 个去年以来取得的成就，然后想一下，每个成就的前景如何，这叫作“成就的扩建”。倘若这种方法还不能令你感到兴奋，那就尽量回想一下，在令你充满干劲的事情里，你最喜欢的是哪个，然后问自己：怎么才能好上加好？

眼光长远。在战略培训公司中，在想到真正的大目标时，我们常用 25 年作为一个时限。设想将来的情形毕竟是一种思维活动，所以，你可以按自己的意愿设定时限。我们之所以选择25年，是因为它能使人自由地畅想真正的巨变。在25年时间里真正投入地做某件事，这种设想不会令人却步，因为时间很充裕。此外，这么做还能让人严肃地对待它。如果你要用25年时间去学习培养新的能力或获得非凡的成绩，那会是什么？你打算怎么开始？

好好使用其余9条法则。法则一是对“成长”的定义。大家可以将其看作“总则”；其后的9条法则是其具体内容，帮助大家创造更美好的明天。倘若你在把握总旨方面有难度，那就继续往下读，在随后的法则里寻找能引起共鸣的内容；倘若你早已读完全书，那本书结尾处的练习能帮你找到最适合你重点关注的那条法则。

除此之外还有一个窍门，那就是看目录。那里列出了10条法则。大家可以看到，这些法则是以同样的句式表述的。前半句的中心词都是能使你不断成长的因素，后半句的中心词都是潜在的成长陷阱。比如说，把注意力放在前半句的中心词上面，该条法则中的其他词将助你越变越好；

把注意力放在后半句的中心词上面，该条法则中的其他词将使你陷入成长的陷阱。在读完全书并理解了全部 10 条法则之后，再以刚才说的方法看这些法则，往往会有一个词突然蹦进你的脑海，你也心知这个词就是你要更加努力的方向；或者你立刻明白过来，这个词就是捆住你手脚的缘由。然后重读整条法则（目录后有具体页码，便于查看），你很可能会受到启迪，知道该怎么做。

法则二

CHAPTER TWO

# 学习为上，经历次之

**将精力转为学习，将人生赋予终身学习。**

“不断学习”对一生的成长至关重要。你也许有大量经历，却在所见、所闻、所做方面并未高明多少。单有经历并不足以保证一生的成长。但是，你若能定期将经历转化为学识，那么，你人生的每一天都会是成长的源泉。真正有大智慧的人，能把微不足道的事情和情况转化成思想和行为上的突破。把整个人生看作一所学校，人生的每次经历都是一堂课，学习为上，经历次之。

不断学习的能力能使我们再接再厉，有更美好的将来。这里面有个规律，任何一次经历都包括两个部分，即“有益的部分”和“无益的部分”。“有益”意为它能促你前进，令你得心应手，更有自信；“无益”则相反，意为它会令你举步维艰，自轻自贱。

只要能认清每次经历中的这两个方面，就能有意识地设法将“有益”的部分最大化，并绕开或排除“无益”的部分。新的领悟、智慧，更好、更有效的行动方式将随之而来。在此过程中，经历被转化为成长的原动力，并被赋予积极的新意义。

## 小事情，大智慧

哪怕是细枝末节的小事，也有可能成为宝贵的大智慧。下面听听凯瑟琳的经历：

有一次，我在爸爸家里吃过晚饭回家。他让我带了些剩下的饭菜，一个从我这里借去的微波炉，还有一套灯具（我刚搬了家，新家里的灯具坏了，我拿这套过去试试能不能换上）。到家时，天很晚了，我也很累。我看着汽车后备箱里的东西，觉着可以一次搬到屋里去。于是，我把灯具摞在微波炉上（很沉，但短距离我还是能搬动的），再把装食物的袋子挂在两个手腕上，然后把微波炉和灯具搬了起来。站在车边，我很是自豪，却突然意识到，我还得把后备箱关上。

我曲起一条腿，用大腿和膝盖托住微波炉，这样就把车侧的一只手解放出来去拉后备箱盖。可是，我对手腕上食物袋的重量估计有误，一下子失去了平衡。后备箱“砰”的一声关上了。而我惊悚地发现，我的手指被后盖夹住了。要想救出这只手，就得把微波炉放下，腾出另一只手来。而我正单腿站着，所以这件事很难做得优雅。灯具“啪”的一声掉在地上，玻璃碎了一地。当时的情形就像旧时怪诞戏剧里的场景。巴斯特·基顿[①]都很难设计出这么好的情节。谢天谢地，车钥匙就在我的口袋里，不然的话我还得多困住一段时间。

终于，我把自己解救出来。我的手指又红又痛，不过好在没什么大伤。微波炉掉下时磕了汽车一下，在车身上留下一大块白色的痕迹，我全新的牛仔裤也被划破一个口子。

---

① 巴斯特·基顿（1895—1966），美国默片时代演员及导演，获第32届奥斯卡金像奖终身成就奖。——译者注

我觉得自己很傻，傻到去做这样一件蠢事。于是我懊恼不已，刚才的我怎么会觉得那样做能行呢？接着我想到：行了，别跟自己过不去，老天这是想给我什么启示呢？这时，我想起禅师朋友爱德华·布朗的一句话“双手持一物，好过单手持两物”。真是太有道理了。我立刻就悟到了自己成长的陷阱在哪里。

那一刻我突然发现，活到现在，我一直都是这种做事风格，而我真的很幸运，因为我至今都没有因之吃过大亏（虽然有几次与之擦肩而过）。我咧嘴笑了，是时候改掉这个坏习惯了。

我的车刮了，我不愿花钱把车漆补好。除此之外，我指尖的瘀血一个月才消去。这一个月里，每当我想同时干好几件事，黑色的指甲盖总是能给我敲警钟。但我对这件事的总体感觉是“感激”。毕竟，若是在高速路上开着车，还边打电话边吃棒冰，万一出事，那结果就可怕多了。我再也不干这种一心数用的事了。那次经历的“益处”在于，它提醒我改变了一个坏习惯，避免以后吃大亏。

现在，我尽力调整注意力，一次只做一件事，并允许自己拖沓一点儿。我学会了在必要时刻说No，也能更好地分派工作。我的压力减轻了，并且，很奇妙的是，我实际上做的事并未减少。改掉了一心数用的毛病之后，我能把一些重要的事情做得更好，还能注意到以前因为过于分心而忽视的机会。这虽是件微不足道的小事，但用“有益”“无益”的标准去看待它，我就从里面获得了智慧，改善了我的行为习惯，也改变了做事的结果。

改掉那个坏习惯，还救了我一命。几年之后，有一次，我开着那辆车经过一个十字路口。我目视前方，前面一辆车都没有。这时，我眼角的余光瞥见一个庞然大物迅速朝我冲过来。我本能地踩了一脚油门，车向前猛地一冲，同时我牢牢地坐稳了身子。那辆车堪堪擦着我的后围侧板——当初被微波炉磕了的痕迹还在——呼啸而过。我吓了一跳，还好并未受伤。原来，一个上岁数的男人眼神不好，高速闯了红灯。他根本就没看见我。倘若我刚才稍有一丁点儿分神，他那辆20世纪70年代的美产大车（也毫发无损）就会正面撞上我那小轿车的驾驶座车门。在那一瞬间我感觉仿佛通过了一次考验。老天仿佛在对我说："OK，你记得那次教训了。作为奖励，我免费（通过保险公司）把你的车修好，因为你不需要它时时给你提醒了。"这太完美了。颇富戏剧性，却很完美。

## 学习的选择

你不必把所有的经历都转化为学识，但你得选择如何对待它们：或者将其当作借口；或者将其当成荣誉勋章；或者将其当成情感触发器，在准备勃然大怒或大哭一场时使用；或者将其像骸骨一样埋葬（以后常常有可能再度浮现）……这样的选择不会帮助你成长。或者你可以将其用作学习的原材料，利用其背后的情感力量，驱动自己去吸取其中的经验教训。

有时候，此类学习能给人带来显著的创新。下面就以玛丽·安妮的经历为例。她的妹妹玛西亚患了脑瘫。别人家都外出聚餐、度假，她们家却只能待在家里照顾玛西亚，因为她时刻都离不开人。她们的父母把全部精力都放在了照顾玛西亚上，所以对其他孩子们心怀愧疚，因为他们不能给这些孩子一个正常的童年。

跟其他有孩子需要特殊照顾的家庭一样，家里的每个人都受到了影响。玛丽·安妮暗下决心：要是她的朋友们不能接受玛西亚，那他们就不是自己的朋友。她学会了如何应对玛西亚的癫痫发作，也愿意帮助父母为玛西亚尝试新的疗法。玛丽·安妮跟玛西亚的关系一直很亲密。她对玛西亚有信心，她教会玛西亚表达自己的感受，还教导家人“照料玛西亚并非仅仅是伺候她的吃喝拉撒”。尽管重负累累，她的家人一直都很和睦亲密。她的父母一路白头偕老，打破了一个常规现象：需要特殊照顾的孩子，其父母离婚率高达85%。

玛丽·安妮在银行工作了20年。后来，因为职责所迫，她得在两天之内解雇1500名员工。她选择了辞职。此后，玛丽·安妮想成为一名退休及房产规划方向的理财顾问。出于这个原因，她询问父母——他们是怎么为玛西亚打算的。她发现，父母最大的顾虑是：倘若他们有什么不测，玛西亚就在世上孤苦无依了。玛丽·安妮开始为父母筹划。很快她就发现，这种需求并非她家仅有。凭着当初在理财产品行业积累的经验，玛丽·安妮开始寻找创新的解决方案：既能保障妹妹的利益，又能让父母重拾信心和对事态的把握。多年与妹妹相处，令她具有一种独特的理解力，能深刻理解像她这样的家庭所面对的情况以及潜在的危险——其根源往往都是理财规划，却不仅于此。

不久之后，玛丽·安妮和她的团队推出了“保障明天”项目。其中囊括了各种程度的残疾儿童家庭及其本人所需的所有服务。由于她有这方面的经历，所以她能与此类家庭坦诚交流，用真挚的同情心、深远的洞察力、设身处地的理解力去打破他们普遍的疑虑。玛丽·安妮和她的团队不断寻找新的方案去提高此类家庭的生活水平，她的“保障明天”项目也蒸蒸日上。

有些人也有像玛丽·安妮一样的经历，带着“克服”和“向前看”的心态度过了童年，但玛丽·安妮选择利用自己的经历去创造非同凡响的东西。她用自己对家庭经历中“有益”（爱，奉献，以及玛西亚带给她的学识）和“无益”（压力，恐惧，忐忑，牺牲）的理解，为有特殊需求的家庭找到了改善生活的方法。在需求最盛的地方，她仿佛一阵“及时雨”，而在此过程中，她还开创了一个独特、蒸蒸日上、有无限成长潜力的事业。

你自己的经历中就蕴含大量学习的机会，只要用心就能找到。将经历转化为学识，你就不会感觉厌世，也不会背负过往的包袱。与之相反，每个经验教训都是一层台阶，引领你迈向更美好的前方。

## 如何起步？

将经历转化为经验教训，把注意力集中在某一次经历上面。尽量选择一个特定的事件，如“今天与琼的谈话”，而非泛泛的、不准确的事件结合体，如“我与琼的关系”。在选择的时候，最好找一个回想起来仍对你的情感有影响的事件。因为在这些情感中蕴含着力量，会促进经历的转化。想一下，在此事件中，哪些是“有益”的，哪些是“无益”的，可以的话，把它们写下来。然后想一想，下一次如何才能使其结局更好一些，接下来就是带着这些经验教训前行即可。

改变谈话方式。要想判断自己关注的是“学习”还是“经历”，有个方法是反省一下你的谈话过程。你是惯于倾诉，还是惯于聆听、学习？你是纯粹想让别人听你讲，还是推动谈话向前发展？回想一下，当你身边有个人一遍遍向你重复他的故事时，你是什么感受。你说的内容，是发生的事，还是从事件中得来的经验教训？在你与他人的谈话过程中，你所述的事件，是整个谈话的起点，还是终点？特别注意一下你重复讲述的故事，当你纯粹想与别人分享你的经历时尤其如此，因为有些情况很适合做上段提到的练习。一旦你能从经历中提取出经验教训，那么，一遍遍将其重复讲述的冲动一般都会消失。

读完本书，做做书末的练习。虽说刚讲完法则二，可这本书很薄呢，很快就能读完了！本书末尾处的练习称作“成长聚焦器”，掌握了它，你就能在最近的经历中发掘成长的“金矿”。但是，要想抱得整座金山，你得理解所有的10条法则才行。你可以定期做做这个练习，对每天所做的决定，以及这些决定对你成长的影响有更清晰的了解。长此以往，随着你更了解自己的思维方式并将其与这些法则相结合，你会发现，你能在事件发生之时就抓住更多的学习机会，而不是事后无意识地一遍遍重蹈覆辙。

# 法则三

*CHAPTER THREE*

# 付出为上，回报次之

**所得易使人沉沦，付出使人成长。**

“不断为他人付出”对一生的成长至关重要。随着你在成功路上越爬越高，回报也会随之而至：收入、赞誉、认可、人气、地位、能力、才智、机遇……这些都是人梦寐以求的东西。但是，它们也可能阻碍人的成长。它们会引诱你迷恋回报，没有心思考虑付出更多。要想保证回报源源不断，唯一的方法就是不要对其考虑太多。与之相反，你应该不断地、更多地付出——帮助别人消除危险，抓住机会，将其长处最大化……如此一来，回报自然蜂拥而至。你的将来也会充满更多付出的方式，带来更多回报。总是想着为更多人创造新的价值，付出为上，回报次之。

就其本身而言，奉献或付出能巩固并扩展你与外部世界的联系，正是这种联系，为人一生的成长提供了支持和动力。倘若拒绝为别人付出，那么你很容易为自己的思想所困，并陷入恶性循环。若能把注意力放在“付出”上面，不刻意追求回报，那你就能在现实世界中扎根。通过从别人那里得来的见识和反馈，你对“如何创造越来越大的价值”的理解也会得到提升。

## 把创造价值放在首位

玛丽·安妮身上有一点尤其令人印象深刻：尽管她在美国首屈一指的理财服务公司里身居高位，但她从不关心卖出的理财产品能赚到多少佣金。事实上，她自己都不知道创办的事业背后是这样的宗旨。所以，在她考虑该卖给客户什么样的理财产品时，唯一影响她做决定的因素就是此产品是否是现有产品中最符合客户需求的。

丽莎·佩朱安－野村是多伦多的一位艺术家和成功的策展人。她在策划艺术展时，从不考虑结果如何、是否能够赢利。她关心的只是如何呈现最好的展览，她相信“酒香不怕巷子深”。由于她操办的艺术展的质量一直非常高，所以需求者纷至沓来，并为其广而告之。她所操办的艺术展从未赔过钱。

玛丽·安妮和丽莎·佩朱安－野村并非以急于求成的方式寻求回报，而是将其作为一种卓越的商业实践。在人生的各个方面，只要是想谋求成长的地方，这都是很好的方法。全神贯注于真正的付出，让受众去决定你的回报。这样一来，回报往往会超出你的预料。相反，把注意力放在回报上面，其实是掉进了陷阱。因为它会将你的创新能力从回报的真正源泉——受众从你的行为中获得的价值——转移开。

## “付出”使人成长

在绝大多数情况下，“付出”本身即是成长的宝库，能带来出人意料的回报。2003 年时，马修·帕斯莫还是一名企业律师。他的事业，用他的话说，是财源滚滚却枯燥乏味，因此他活得痛苦而纠结。午饭时间，他常常会溜到当地的书店去读艺术杂志，畅想连篇。有一天，艺术文化杂志 *Cabinet* 封面上的一句话吸引了他的目光：“白送你一块地（绝不是开玩笑）。”他翻开杂志，随即读到那篇文章——美丽生动而带着诙谐。文章说，杂志社的出版商在新墨西哥州[①]的荒地买下半英亩灌木地，并将其命名为“*Cabinet* 园地”。读者只需要花 1 美分，即可租下园地里杂志大小（仅够双脚并拢站立的地方）的一块土地，租期 99 年，它被称作“读者园地”。尽管如此，马修立刻被其中的“艺术家园地”——为今后的艺术项目预留——激发了兴趣。他兴冲冲地给杂志社的编辑写信（编辑后来说这封信的内容“奇异而怪诞”），说打算在这块地上修建一个“*Cabinet* 国家图书馆”。编辑觉得他的想法很有趣，就刊发了他的计划和蓝图。一年之后，令编辑们吃惊的是，他跟朋友们真的开车去了那片不毛之地，并建起了图书馆——书柜是一面弯曲的墙壁，由沙袋、土和水泥做成。书柜里放着已出版的每一期 *Cabinet* 杂志，还有卡片目录、访客留名簿，还有一个快餐柜——当时快餐柜里有 1 瓶水、一双 10 码的男式工

---

①美国的一个州。——译者注

作靴（以防蝎叮蛇咬）、2罐啤酒。荒无人烟的新墨西哥州戈壁并非大多数人的假期目的地，尽管如此，对马修和他的朋友们来说，这就是度假，甚至比度假还好。因为他们实现了一个有趣、有挑战性，可能还有点儿疯狂的目标——建成图书馆。马修只想把这件事做成，为“*Cabinet* 园地”做点儿什么贡献，除此之外别无所求。*Cabinet* 刊登了马修对图书馆的描述和照片，后来还将其故事在著名的伦敦泰特现代美术馆展出。

对马修来说，“*Cabinet* 国家图书馆”这个目标颇为鲁莽冒失，但是，它却成了马修的事业起点——成为世界范围内杰出的著名全职艺术家。在他随后取得的成就背后，一个关键因素就是奉献精神。后来，他跟两位艺术家（其中一人当初曾跟他共建图书馆）合伙创立了“雷巴尔艺术和设计工作室”，而这个工作室因创立了“停车位公园节”［Park（ing）］而闻名遐迩。“停车位公园节”指的是将停车位改造成一个临时公园（当然，期间需要向停车计费器投钱）。这个活动始于2005年，在马修的家乡旧金山，最初是作为一种流动的艺术教育站。后来其他地方的人也对此产生兴趣，马修跟伙伴就决定编写一个通俗易懂的、免费的操作指南，让大家自己去做，而非收取他们的咨询费。雷巴尔艺术和设计工作室用这种资源共享的方式，将活动的模式推广出去，使得个人和集体都能做起来，并用其引发公众对他们特殊需求和目标的关注。“停车位公园节”像野火一般迅速蔓延开来。截至 2011 年雷巴尔艺术和设计工作室停止统计时，“停车位公园节”已在 35 个国家的 162 个城市生根发芽。“停车位公园节”设在每年 9 月的某一天，当天，全世界多条城市街道会出现近 1000 个停车位公园。此举既令当地居民和行人感到惊讶和高兴，又会引发他们对当地诸多问题的重新思考。这项活动的成功举办吸引了 BBC[①]、NPR[②] 等世界主流媒体的报道。马修成了一名大红大紫的演讲人，而雷巴尔艺术和设计工作室也享誉全球。

然而，马修指出，倘若他们为了挣钱而发起“停车位公园节”，或为了雷巴尔艺术和设计工作室创立之初搞品牌

---

① 英国广播公司。

② 美国国家公共电台。——译者注

宣传，那么以上种种结果都不会发生。跟其他人一样，艺术家也要谋生计，但是，当时的他们感觉到，“停车位公园节”的创意需要保留纯正的好奇心和探索欲，真真切切，毫无杂质，这样别人才会毫不保留地接受它、适应它。果不其然，他们发起了一项全球运动，在全世界大大小小的城市里，“停车位公园节”成了市民活动的载体，唤起公众的觉悟和创造力，增添了人们的生活乐趣。

## 付出即是收获

有个现象很有意思：人们都想跟愿意付出的人交往。反过来说，人们都不愿跟付出少却索取多的人合作、合伙，也不愿为其付出。事实上，在这种人或组织机构面前，大家想的往往都是“别吃亏、抽身而出”。正因如此，怀着“捞得越多越好”的心态而选择只进不出，或贪得无厌而不顾别人的损失，这种人生信条是一种短视行为。这种人，最后算起来，都是花了大量人力物力用于“国防预算”——他们苦苦保护怀中所得，妒忌比他们富足的人，而非知足常乐、不贪不占。

## “回报并非天经地义”的心态

要想做到“付出为上，回报次之”，你得领悟到我们所称的“回报并非天经地义”的心态。意思是你得有这样的信念：在获得回报之前，先得向别人做出有价值的贡献。我们将此理念传授给企业家客户，因为这是所有企业家都应具备的心态。倘若他们不能为别人提供其认为有价值的东西，他们的生意就做不长久。但是，这种心态并非仅限企业家独享，任何人都能从中获益。盖娜·雷格比早年间在战略培训公司上班时就领悟到了这个道理。

盖娜很有才华，能力出众，也很聪明。她胸怀宽广，志向远大。她 18 岁时离开英国去了美国，因为她认为在那里能实现远大抱负。她先是在辛辛那提[①]当保姆，后又去了加

①美国俄亥俄州西南部城市。——译者注

拿大多伦多，在战略培训公司当前台接待员。当时我们公司规模还很小，但她有远大的抱负和理想。现实和理想之间是有差距的，所以她对人生有些恐惧，感觉自己取得的进步不如人意，她因体重增加而烦恼，还承认常常自怨自艾。为什么这个世界不愿促成她的梦想？难道人们看不到她的努力？

有一天，在一个研讨会上，盖娜听丹·苏利文谈到这样一个道理：企业家们都明白，在寻求回报之前，首先要为别人创造价值。盖娜茅塞顿开：一直以来，她总是在等着机遇降临，而她应该做的，是走出去，积极主动寻找方法付出。这个领悟改变了她的人生。

马不停蹄地，盖娜决心改变人生。她的饮食更加健康，还开始锻炼身体。她开始留意办公室里体制和业务方式上需要改进的地方，并从自身开始率先改进，继而设想改进方案，再提交给芭布斯和丹·苏利文，在得到他们的肯定之后将其推广。

盖娜后来升职为战略培训公司的销售和市场主管，并最终返回英国创业，在自己的公司里担任CEO。凭借当初当保姆时掌握的激励技巧，她成长为一名杰出而受人尊敬的领导者，且因如下能力而闻名：能承担任何工作，并将其完成，继而将后续工作委托授权或将其系统化，再着手处理下一件事。她很满意现在的生活，因为这是她一手打造而成的。所有她想要的回报，以及很多始料未及的回报，都是她的付出所带来的“副产品”。这些回报能使她发现更大的机遇，还能促使她继续寻找门路，利用自己的才华去获取蕴含更丰厚回报的成长经历。她是最早明白这个道理的人：她决定“付出为上，回报次之”之时，即是其“不断成长的美好未来”可能成真之时。

## 如何起步？

领悟“回报并非天经地义”的心态。要想获得回报，首先要为他人创造价值。一旦有了这种信念，你的注意力会自动向“付出”倾斜。绝大多数人偶尔都会认为自己理应得到某些回报。这是一种被烙在脑中的条件反射，因为我们身边有太多声音不断强化这种观点——我们有权获得某物。发出这种声音的人或组织机构，往往是想以某种方式操控我们，或者将我们拉进他们一伙。若是领悟了“回报并非天经地义”的心态，就能避开这些无关事项，将注意力放在“付出”上面。

寻找付出的渠道。学学盖娜，学会创新。看看哪里有未解决的需求，而你也恰好能出上力，自愿参与进去，做职责之外的事，相信回报终会来到。并且，当回报——其形式可能是新的机遇、能力、信心或其他预料之外的好处——到来时，要确定能够辨认出来。诡异的是，即便没有获得回报，“付出”同样也是有益的。因为其结果就是一个指示器，它表示你选错了付出的对象，或需要重新评估一下对方的需求。不论是哪种情况，倘若你能将其用作学习的机会（见法则二），都是你在寻找更有前途的成长之路上迈出的第一步。企业家在做出战略决定时，一直都在使用这种来自市场的反馈。

## ‖ 法则三 ‖

### 付出为上，回报次之

领悟“互惠精神”。在各方交涉时，“给予就必有回报”似乎是最公平的。然而，这种观念往往会束缚成长的潜力。因为各方关注的都是“交易”以及谁能得到什么、谁多谁少，而不是互利互惠。战略培训公司是以营利为目标的公司，尽管如此，我们在向客户推荐公司时，从不向后者索取报酬，也不接受他们的报酬，即便给他们带去了大量商机也是如此。如此一来，我们便能坦然地将我们认为合适的公司推荐给客户，而没有什么不可告人的动机，也不会有纠缠、索要报酬时争论哪方占了便宜哪方吃了亏等事。反过来说，我们所推荐的公司会对我们心怀感激，因为我们看中的是其提供的产品或服务，所以乐意与我们合作，为我们及客户打造最好的用户体验。如此一来，更多价值就被全面创造出来。这件事背后的观念是：你成功，我们便成功。而各方的关注点始终放在“付出”，而非“回报”上面。

CHAPTER FOUR

# 法则四 表现为上，赞誉次之

**你无法控制他人的赞誉，但你能把握自己的表现。**

节节高的表现对一生的成长至关重要。倘若你的技能、作用节节高升，那么你将从越来越多的人那里得到越来越高的赞誉。赞誉令人陶醉，在其诱惑之下，你就会围绕别人的认可和赞美去构建人生，不断重复最初给你带来赞誉的做法，而不是继续前行，去尝试新的、更好的、不同的东西。倘若如此，其危险在于，你会将赞誉看得越来越重要，而忽视了继续提高自身表现。在各个领域中，表现最好的人，是那些总是努力追求更上一层楼的人。不论得到多少赞美，他们始终致力于提高自己的表现。不断努力超越此前所做的一切，表现为上，赞誉次之。

未来总是通过行动、表现创造的。对美好未来可以有设想或者憧憬，但若想它们成真，只有行动起来，全神贯注地去达成特定的目标。

表现所带来的赞誉只是一种副产品。当然，这种副产品可能很有用、很有价值，但它不应该是你关注的重心。对一个不断成长的人来说，其关注的重心一直应该是表现，而非别人对其表现的反应。对照法则三来看："付出"是与客体有关的（毕竟，倘若付出的对象不认可，那"付出"也就不是"付出"了）；与"付出"不同的是，"表现"是与主体有关的，它源于自身，且以自身为评价。

你能控制自己的表现，却永远无法控制别人的反应、认可或赞誉。我们的目标是变得越来越好，满意现在的情况，同时努力走得更远，总是使明天比昨天更好。美好的将来需要你自身有更好的表现，它需要你不断提高自己的知识和技能。

## 在表现中成长

在努力提升表现时，我们会投入热情和才能，并设法将提升表现的过程及成长的过程提升到新的高度。我们会遇到很多障碍，它们要求我们的成长有更广泛深远的影响，而不是单单在某一方面提升表现。但是，对提升表现的渴望给了我们动力和关注的重心，使我们能应对并解决这些挑战。

托多尔·科巴科夫[①]笑着承认，当初他刚从保加利亚来到加拿大的时候，“是个自大轻狂的16岁少年”。那时，在多伦多大学音乐学院，他遇到了他的钢琴老师威廉·艾德。第一天与艾德教授见面时，托多尔就直言不讳地说，他对演奏古典钢琴曲已经不感兴趣。他不想当一名钢琴演奏家，而对作曲和爵士乐甚有兴趣。然而不久之后，他的态度就变了。因为艾德教授很快就帮他认识到在钢琴演奏中提升技巧的乐趣和可能性。

在头两年的学习中，托多尔从艾德教授那里渐渐学到一个道理：演奏并不仅仅是音符和技巧，更重要的是，它反映的是演奏者的性格。托多尔和同学们领悟到：他们每个

①托多尔·科巴科夫（1978— ），保加利亚籍加拿大人，作曲家、编曲家、制片人、钢琴演奏家。——译者注

人真正的奋斗方向，并不是仅仅成为一名更优秀的钢琴家，而是成为一个更优秀的人，二者齐头并进。在不断努力提高的过程中，托多尔对性格品质有了更清晰的认知。通过音乐，他发现一些自身需要改变的东西，以及一些想要继续发扬光大的优点。这种自知提高了他的能力：一是掌握自己的表演，二是通过演奏来表达自己——用音乐讲述独特的个人情感。

4 年之后，托多尔学成离开。在这 4 年时间里，他与艾德教授私交甚好。艾德教授对他说："我想，经过我的教导，从现在开始，你已经学会自我提升了。"近 30 岁时，托多尔已变得沉着冷静且思维缜密，有着与年龄不符的智慧。他先前学过如何成为一名更优秀的古典钢琴家，那段经历帮助他在大学 4 年时间里变得更成熟、更全面。更重要的是，它赋予他一种能力——通过对上佳表现的不懈追求，他在人生中不断成长。他说，每隔几年他都会演奏某些长久不弹的曲子，因为每次重弹都感觉不同，而这反映了他作为一个人发生的改变。

## 事关体验

尽管托多尔因其表演而获得了赞誉，但他并不以为意。事实上，他坦诚地说，听众的掌声有时会令他感到悲伤，因为那意味着表演结束了。他的观点是，作为一位音乐人，不要抱着取悦听众的心态去表演。所谓伟大的表演，其实是演奏者和听众一起颂扬音乐的伟大。演奏者通过演奏向音乐“鼓掌”，听众则向演奏者鼓掌。托多尔关注的永远是音乐本身。

这个道理放在其他表现中同样行得通。“演奏者”“上台”时，他想的是创造一次体验，它综合了多种元素，而非仅仅是受众的回应。用心的受众则能从这次精心编制的体验中注意到，并从中领会到其艺术性。也许这种表现得到的并不是掌声，但它往往会获得高收入、赞誉、感谢信、大奖，或者其他形式的认可。

那些自豪于自己的表现并努力为受众创造更好体验的人，能在任何条件下成长。也许她只是一名快餐店点餐员，但她似乎能轻松地同时做好几件事：记下你的菜单，安抚你哭闹的孩子，给你善解人意的微笑，再毫无纰漏地将你的食物在托盘里摆好方便你单手取走……这种日常生活中的“表现”，需要的是用心和投入，就像舞台上的演奏者一样。倘若他们仅仅是为了乐趣、活力和挑战做这些事——亦即我们常说的“以自己的工作为傲”，那么他们就能不断成长。倘若他们是为了外部的认可而做这些事，那么，他们很可能会停止成长。其原因有二：一、新鲜感没了，认可就消失了；二、要想得到同样的回应，就得不断重复做同样的事，这里面没有提高的内驱力。

## 保持表现的新鲜感

丹·苏利文喜欢讲一个故事（其真实性有待考察），说的是劳伦斯·奥利弗[①]每次上台表演都能保持开演第一天时

①劳伦斯·奥利弗（1907—1989），英国著名导演、制片人、演员，英国戏剧及音乐剧最高奖即以他的名字命名，被英国女王伊丽莎白二世授予勋爵爵位。——译者注

的新鲜感。据说，每晚登台之前，奥利弗总要做完某个“仪式”。他会站在后台，透过窥视孔看着台下的观众，然后对自己说：“这不是昨晚的观众。这不是昨晚的表演。上台的不是昨晚的演员。这不是昨晚的剧。这些不是昨晚剧中的台词。”如此等等。如此一来，即便此前他曾数次表演这个剧目，他也能全身心地投入到当晚的表演中。

杰出的演员独有的特点是：他们一遍遍重复表演同样的内容，却每次都不尽相同。每次表演都是出自当时当地的各种元素，其中包括演员的心理状态、演出地点以及其他各种因素。因此，对演员来说，每次表演都是一次学习经历，也是一次考验，看看他们在新环境下的表演技巧如何。但是，要做到这一点，就得抱着学习的心态去表演。

丹·苏利文曾讲过一个故事，说的是他如何改变心态，将原本消极的情况利用起来的：

我在全国做很多演讲。通常情况下，我的团队会为我定好听众的底数或者会场的大小。尽管如此，偶尔还是会有“灾难”发生。有一次，我原以为听众会有 300 人，可到场一看，只有 30 个人。

通常情况下，听众越多，我的劲头越大。所以，刚开始的时候我有些失落。但紧接着我开始以“表现”的心态看待眼前的情况。我想，倘若我走上台去，呈现此生最棒的一次演讲，而不考虑听众的多少，那么，我就能把这次机会变成对自己真正有价值的东西，也能为听众奉献一次难忘的经历：只需集中精力给他们献上最好的体验即可。然后，我就带着这种心态走上台开始演讲，也得到了大家热烈的喝彩。当天，我的演讲能力也得到了提升。

作为促进成长的一种方式，赞誉是非常有用的。它能打开一扇门，通往各种机遇、资源，以及将表现提高到更高层次的能力。但是，若将赞誉放在中心，那么它就会阻碍成长。它会扼杀你的想象力，束缚你的动力。把注意力放在提升表现上面，将赞誉当成谢而受之的副产品，你就能确保不断成长。

## 如何起步?

为自己的表现设定标准。在这一点上运动员有优势。因为不论是在训练还是比赛中，他们都能衡量自己的表现，从而很清楚自己的巅峰在哪里。加拿大速度滑冰选手克拉拉·休斯（Clara Hughes）说，她在祖国举办的温哥华冬奥会上的表现是“职业生涯中最好的”。但事实却是，在那次比赛中她只拿了铜牌，而先前在意大利都灵参加的比赛中，她可是拿了金牌。通过设定自身表现的标准，并时时对照，你就能以自己的标准衡量取得的进步、庆贺胜利，从而使你免于在外界的标准和认可上浪费太多注意力。

区分“表现”与“贡献”。本条法则中有些地方常常会造成困惑。在工作中，“业绩评估”中的“工作表现”很难与“奉献”区分开来。“业绩评估”通常是用外部标准来评价、衡量你的工作表现，它是工作中的必要一环，是你真正做出的贡献，其形式是你在团队或公司里的工作业绩。下面我们将阐述二者的不同：一个是你是如何取得这些工作业绩（表现）的（完全取决于你自身）；另一个是这些工作业绩为公司或团队所做的贡献有多少（由别人评判）。很多人发现，他们能不断重复做同一件事并且做出有价值的贡献，因为这样的结果是公司和团队所需要的。然而，如果你开始觉得工作变得越来越枯燥或死气沉沉，也许你该看看本章开头劳伦斯·奥利弗的故事，然后想一想该怎样转变观念，使你的表现保持新鲜和振奋人心。

怀着感恩之心看待赞誉，而非将其当作应得之物。对赞誉心怀感激，这样就能使你摆脱“渴望认同”的诱惑。倘若你将部分心思用于期盼赞誉，那这部分心思就对“表现”没有用了。

关注当下。有件事会对“表现”有损，那就是有部分心思在“表演”结束前就想着结束时的情形及随后而来的掌声。为了呈现最佳表现，你得把全部注意力放在当下，如此一来，赞誉自然水到渠成。

CHAPTER FIVE

# 法则五

## 感恩为上，成功次之

**学会主动感恩，而不是被动拥有。**

“感恩之心”对一生的成长至关重要。从长远来看，能不断取得成功的人只是极少数。这些杰出人物明白，他们所取得的每一次成功，都离不开别人的帮助与配合，因此对这些人心怀感激。与此相反，很多在某个阶段就不再取得成功的人，之所以落到这般田地，是因为他们切断了与所有帮助者的纽带。他们认为，成就的取得完全是自己大展神威，与别人没有关系。于是，他们变得越来越以自我为中心，越来越孤立，也失去了创造力和成功的能力。不断认可别人的付出，你就会自动在心中、在周围世界为更多成功开辟空间。你会动力满满地为了那些帮助过你的人而谋取更大成就。心怀感恩，感激他人，形势就会越来越顺，助你取得更大成功。

对于成功，每个人都有自己的理解。有些人用生活中拥有的东西来衡量成功，其中包括物质财富或经济条件，以及一些更深层的东西，如爱、智慧、生活技能、特殊的成就、某些人际关系、某种生活质量等。可问题是，有些人很可能以上都具备却仍不幸福。通常情况下，这些人已自认为达到成功标准，觉得已经“圆满了”，于是不再成长。一旦成长所带来的喜悦和活力消失掉，那么，不论成功的表面是多么光鲜，其背后仍是个空洞。对致力于终身成长的人来说，成功永远是个过程，而不是目的地。对他们而言，成功地活着，就是不断成长，而心怀感恩，自然会不断成长。

## 常怀感恩之心

在一生的时间里，对不断地、成功地与世界相互作用而言，感恩是最好的保证。因为我们所有的成就和能力都是建立在别人的才能和付出之上。倘若不信，你可以向四周看一看。看看周围所有别人制作出来的东西：你用的工具，你刚刚吃过的食物，你身下的椅子，还有本书的用纸……很难想象，要打造出你身处的这个环境，需要多少人，多少脑力，多少努力。不论你认为这是侥幸也好，命运也好，事先设计的也好，倘若没有种种要素和环境的有机结合，成功是不可能发生的。

## 学会主动感恩

我们接受的教导是：别人为我们做了些什么，我们就要向其表示感谢。然而，在这个世界上，我们要感谢的还有很多。我们可以学会主动感恩，其做法就是对我们生活的这个世界有更多感恩之情——我们认识的人和不认识的人，以及创造了这个环境使我们成长和生生不息的所有因素。感恩具有发酵效果。通过主动感恩，我们能看到人和物身上的价值。只要看到这种价值，我们自然会更加尊重他们（它们）。人们都愿意跟对自己心怀感恩的人共事（相处），而资源也会流向他们最看重的地方。面对感恩，周围世界的回应是——把更多我们所感恩的东西带到我们面前。

丹·苏利文用了好几年时间才说服托尼·米勒和玛丽·米

勒夫妇：要解决整个行业的大难题，亦即影响了他们蒸蒸日上的物业管理事业的难题——员工流失，就得给清洁员多放些假。乍听之下，这样很不合理，似乎是背道而驰。但最终托尼听从劝告，做了一些试点。他给清洁员们放了3周假。一夜之间，情况就发生了巨变。原先高达30%的员工流失率大幅下降。员工们都不辞职了，而因为他们待得久了，所以团队合作更强，工作效率也更高了。这时托尼和玛丽意识到，他们抓住了其中的奥秘。他们领悟到，通过感恩，并对员工（几乎全是新移民）的广泛需求做出回应，他们就能改变行业性质，并为世界做些善事。

新移民并不像其他人一样有真正的休息时间。他们面临很多困难：一是语言的障碍，二是要明白这个新国家的生活方式。这就意味着，在解决了衣食住行等基本生活需求之余，他们几乎没有休闲的时间。给雇员更多假期，是一种主动应对这种困难的方式，好像是在对雇员们说："我们理解你们的困难，也欣赏你们所表现出来的在异国他乡开启新生活的勇气。"这即是"主动感恩"：它并不是说"谢谢你，因为你为我做了什么什么"。而是传达一种更深层的信息：谢谢你们愿意当清洁员。我们很欣赏移民的价值——你们是对美好未来怀有勇气、希望和梦想的人。

米勒夫妇开始为员工们提供英语课，还设立了一个项目，让清洁员最终能够买房定居，这种福利在行业内是绝无仅有的。尽管米勒夫妇心里没底，不知道他们的做法是否会收到好的结果，也不知道雇员们是否会响应。但他们俩决定试一试，就义无反顾地做了。而雇员们的确做出了响应。他们中的很多人开始推荐亲戚到米勒夫妇的公司工作，员工流失率持续下降，而工作效率不断提高。移民圈子开始流传这家公司的事，说他们把雇员当人看待，而不是把他们当作可随用随弃的劳工。

很快，米勒夫妇的麻烦就变成了怎么跟外界解释——在与同行争夺生意时，他们是如何做到合理正当地拿出最低价的。目标客户很难理解，米勒夫妇团队的工作效率怎么比同行高那么多。其答案，简要来说，就是他们对员工心怀感恩，这使得他们能够制订出其他清洁行业同行无可比拟的工作流程。米勒夫妇不仅改变了雇员们的人生，还转变了自己做生意的理念，并且扩展了对“一切皆有可能”的理解，使得他们能对未来有更美好的设想。

下面大家来做个练习，看看“感恩”是如何改变心态的。在认识的人里随便挑选一个，然后问自己：“我在什么地方要感谢他（她）？”把能想到的答案都写下来。尽量写满10条以上，尽量发挥想象力。然后看看，你对这个人的态度发生了怎样的改变。倘若你想再进一步，那就把你对他（她）的感激告诉他（她），看看他（她）是什么反应。

巴勃罗·聂鲁达[①]曾写过一本诗集，名叫《平凡事物之歌》（*Odes to Common Things*）。里面的诗，写的都是平凡的东西：盐罐、椅子、开罐器……读这些诗，能给人一种全新的感觉——平凡的事物在我们的生活里是如此重要。只要用心，就能找到这层意义，而在此过程中，人在成长，同时加深了与平凡事物的联系。人也是如此。

①巴勃罗·聂鲁达（1904—1973），智利当代著名诗人。——译者注

## 纽带，承诺，谦逊

人越是成功，就越要学会“主动感恩”。感恩能带给你终身成长的三个关键元素：一是纽带，它能让你将自己视为某个大事物、大事件的一部分；二是承诺，它能使你下决心投入这个大事物、大事件之中，因为你看到了其他人、其他事物所做的贡献的价值；三是谦逊，它能使你将自己视作周围世界里独特的一分子，但不是最重要的那个。只要能拥有以上三个元素，你就会发现有太多东西要学，也能敞开心扉，向周围的人、物学习。

在这个人与人相互作用的世界里，有三个心理特征会妨碍个人成功，而感恩之心，从本质上说，能自动驱除它们：孤芳自赏、以自我为中心、傲慢自大。孤芳自赏的人往往自绝于他人能提供的重要学识、 才智和能力；以自我为中心的人总是毁灭别人的好意和支持；傲慢自大的人往往引起别人的反感和敌意。这三种心理特征都会威胁到人的成长和持续成功，而通过培养感恩心态，我们就能对其免疫。

## 如何起步?

写下你感恩的对象。要想养成感恩的心态，一个常见的有效方式是——每天写下 5 ~ 10 个感恩的对象。如此一来，你就能主动而有创造性地学会感恩。感恩的对象包括令人感激的人、事件、情况等，以及那些以某种方式直接使你受益的人和事。

把感恩之情表达出来。已故的丹·泰勒是一位成功的企业家，也是战略培训公司的老客户和培训师。他每次主持完会议，以及每次与我们会面结束时，都会对此次机会表达由衷的谢意。因此，人们都喜欢与他共事，而在工作过程中也都会感到他的感激之情、欣赏之意。将感恩之情表达出来，往往会收到连锁效果。

感谢方式要因人而异。不同的人喜欢不同的感谢方式。倘若要向某个特定的人表达感激之情，务必要以对方感觉有意义的方式，这样才行之有效。有些人不喜欢引人关注，而喜欢私密的感激方式，比如感谢卡、感谢手语或对其有特殊意义的礼物；有些人则喜欢公开的感谢方式。倘若跟此人不熟，不知道其倾向于哪种感谢方式，最好问问熟悉他的人。通常而言，助理、朋友等人都知道此人喜欢什么，喜欢何种感谢方式。有人喜欢酒，有人喜欢向关心的公益事业捐款（倘若他愿意扬名，那就署上他的名字；倘若他是个低调的人，那就以匿名的方式）。

CHAPTER SIX

# 法则六 乐趣为上，劳累次之

**带着“取乐”的心态做事，其结果一定不差。**

乐趣对一生的成长至关重要。有些人相信，要想成功，就得刻苦劳累。他们对由乐趣而来的任何收获都持高度怀疑。倘若无意间以此种方式获得回报，他们会觉得愧疚。倘若别人因乐趣而获益，他们就会质疑这些人的品行，坚信这些收获都来得不正当。与此同时，他们继续在枯燥乏味的事情上面孜孜以求，掐灭所有乐趣的火苗，唯恐被他人看作“不严肃”“不专业”，不应该成功。但在此过程中，他们截断了自己与以下宝藏的联系——活力、创造力、动力。要保证不断成长，其中一个方法就是在途中找到越来越多的乐趣。无论做什么事，创造力与乐趣——为了取乐而不断渴望新事物——都息息相关。带着“取乐”的心态做事，其结果一定不差，甚至更好。乐趣为上，劳累次之。

在行政领域，人们因付出的时间和劳累而获得报酬。但企业家不同，他们得到的报酬只以创造价值的多少为标准，而不管其过程如何艰辛。他们知道，对他们而言重要的不是付出的时间和劳累，而是结果。倘若你能在获得乐趣的同时得到同样或更好的结果，那么享受乐趣就无可指摘。掌握正确的心态，再灵活一些，那么，哪怕是在令人生畏的任务中，你也能找到乐趣并且成长。

## 谋求乐趣，找到成长之路

在种族隔离时期[①]，只有 17 岁的克利福德·施尔林[②]在南非一个美丽的农场里工作。农场主把所有工人分成若干小组，克利福德即是其中一个小组的头儿。他承认，自己对工作知之甚少，但当上小组的头目并非因为学识广，只是因为他是白人。为了最大程度上榨取工人的劳动力，农场主每周五都会分派工作："早把活干完，周末就

①1948 年至 1991 年间，南非共和国实行种族隔离制度，对白人、黑人、印度人和其他有色人种在地理上强制分离，特别是占多数的黑人。——译者注

②南非开普敦大学法学院教授。——译者注

能休息。”可是，他每次分派的任务量都很大，一天之内很难完成，所以工人们只好把周末休息时间搭进去。

有一次，农场主在星期五给克利福德的小组分派的工作是清理一大片湿地，而这个活儿得占用整个周末的时间。克利福德忍无可忍，又有点儿恶作剧的想法，于是他就决定找点儿乐子出来，顺便给农场主点儿颜色看看。首先，他让手下的工人半夜2点起床，然后他找到附近农场里当时没有活儿的工人过来帮忙。夜深人静之时，他们出发了。他们悄无声息地开着拖拉机和吉普车，到了湿地里，干到早晨6点的时候他们发现，剩下的工作到8点就能全部干完。他们觉得可以庆贺一下，有个工人就开车到附近的一个屠夫那里买来一只羊羔。然后大家都聚在克利福德的小房子外面吃起了烧烤（在南非称作“braai”）。

9点时，农场主来了。他看到所有工人都在玩闹，而非工作，全然不顾还有活儿没有干完（他认为如此）。他一下就认准克利福德是罪魁祸首，就开始斥责他。

“一猜就是你，克利福德！你带头破坏农场纪律！”他没完没了地训斥着。尽管年轻气盛，尽管言语有障碍，但在农场主恶语相向期间，克利福德竟然镇定而清晰地说道：“我不知道您为什么发这么大的火，我们早就把那些狗屁活儿干完了。”

听到这句话，工人们哄堂大笑。这下，农场主感受到了极大羞辱。他说：“够了！我受够你了！两小时之内离开农场。还有，你别妄想能在本地的农场找到工作了，别的地方也不可能！”

## 成长是美好未来的基础

于是克利福德收拾包裹，站在了农场外的土路上等公交车。就在那时他明白了一件事，也从此影响了他的一生：种族隔离的权力并不在政府、警察、军队手里，而在农场工人和其他平民手里，他们才是种族隔离的真正元素。他领悟到：如果人人都有权力，那么每个人都有机会塑造他们的世界。

后来，克利福德成了世界闻名的学者，重点研究安全问题。农场风波已经过去数十年了，而那天他通过不断探究问题所带来的领悟，后来变成了重要因素，为 1994 年南非和平举行首次民主选举创造了条件。基于他的经验和调查，他所在的特别工作组想到一个办法，让选举过程中的示威游行队伍负责保持各自游行活动的和平状态。如此一来，选举过程中只需要极少的防暴警察来维持秩序，也就意味着，对南非这个刚刚尝试民主的“新手”国家而言，避免了会使选举毁于一旦的暴力冲突。

倘若当初在农场时，克利福德只是带着不情愿去完成分派的工作，那么他的人生道路将会截然不同，也不会有后来所做的贡献。所以，尽管丢了农场的工作，但他得到了一个领悟和若干疑问，并从此踏上了探索和奉献的人生之路。

你的“将来”是你的“私人财产”。

美好的将来不必宏伟而华丽，也不必是大跨步或飞越。绝大多数成长其实是很多小步积累的结果，关键在于脚步不停。

不断学习的能力能使我们再接再厉，有更美好的将来。

你自己的经历中就蕴含大量学习的机会，只要用心就能找到。将经历转化为学识，你就不会感觉厌世，也不会背负过往的包袱。

总是想着为更多人创造新的价值，付出为上，回报次之。

有个现象很有意思：人们都想跟愿意付出的人交往。反过来说，人们都不愿跟付出少却索取多的人合作、合伙，也不愿为其付出。

看看哪里有未解决的需求，而你也恰好能出上力，自愿参与进去。做职责之外的事，相信回报终会来到。

赞誉令人陶醉，在其诱惑之下，你就会围绕别人的认可和赞美去构建人生，不断重复最初给你带来赞誉的做法，而不是继续前行，去尝试新的、更好的、不同的东西。

未来总是通过行动、表现创造的。对美好未来可以有设想或者憧憬，但若想它们成真，只有行动起来，全神贯注地去达成特定的目标。

那些自豪于自己的表现并努力为受众创造更好体验的人，能在任何条件下成长。

日常生活中的“表现”，需要的是用心和投入，就像舞台上的演奏者一样。

把注意力放在提升表现上面，将赞誉当成谢而受之的副产品，你就能确保不断成长。

心怀感恩，感激他人，形势就会越来越顺，助你取得更大成功。

面对感恩，周围世界的回应是——把更多我们所感恩的东西带到我们面前。

在这个人与人相互作用的世界里，有三个心理特征会妨碍个人成功，而感恩之心，从本质上说，能自动驱除它们：孤芳自赏、以自我为中心、傲慢自大。

将感恩之情表达出来，往往会收到连锁效果。

## 投入游戏中

设法在工作中找到乐趣，能激发人的创造力，并给人尽在掌握的感觉，而非被工作任务所支配、压制，从而扩宽思路去探索自我。也许，在此过程中，大家会像克利福德一样，找到自身隐藏的勇气和力量。倘若把人生看作以成长为目标的一场游戏，那你就会进入正确的思维模式，不论前路如何，都能身心投入、乐在其中。

“乐趣为上，劳累次之”的心态所产生的结果是难以想象的。“快乐的精神”能产生杰出的品质，还能以难以预知的方式鼓舞他人。不论你想达成什么目标，只要怀有这种心态，一定会更容易获得别人的帮助。“让事情变得有趣、好玩”会给人激励，使其愿意投入其中、出一份力。

查德·约翰逊是美国俄勒冈州的一位企业家，他就养成了这种心态。小时候，他常常会为家中众多兄弟姐妹设计一些游戏或挑战，让他们边玩边学。9 岁的时候，他甚至组建了自己的马戏团，让孩子们当演员，当地的大人当观众。他结婚后有了11个孩子，所以每次饭后的清理工作都非常繁重，于是他就将其变成了一种游戏。大家将其称作“SCAMP”，即“饭后快速清理”的英文首字母缩写。其目的是在饭后15分钟时间里迅速完成清理打扫、恢复秩序。查德·约翰逊以前当过消防员，所以他的游戏中往往带有军事化的味道。在“SCAMP”中，每次都由不同的孩子担任“指挥官”，饭后大家集合、高声喝彩，然后开始计时，打开音乐，接着各司其职分头行动。事先每个人都分派好了任务，直到每个人的工作都做完才算结束。倘若某人敷衍了事，那就会被派以额外的工作，而年长的孩子会给年幼的帮忙，以求准时完工。如此一来，清洁工作就不那么繁重，并且变得有趣起来，而且，孩子们在劳动中学到了领导能力、责任感和团队合作精神。

## 独特的才能将助你成长

“乐趣为上，劳累次之”还有一个重要的原因：我们最擅长的、最有热情的以及能为无尽的提高和成长带来最好机遇的事，正是那些能给我们带来乐趣的事。在战略培训公司里，我们将其称作“独特能力事件”。每个人都有独特的能力，而做出贡献的最好机会就是找到你的独特能力，并设法用它为世界创造更大价值。

人们往往会被擅长却没有热情的事情所困。尽管这些劳累会带来回报，但带不来乐趣和长远的、重要的成长。人们也许会在没有热情的事情中有所提高，但与真心喜欢的事情相比，他们永远都不会有在这个领域成长的动力。所以，倘若你的精力放在了不会给你带来乐趣的事情上面，那么你很可能是以此为代价——放弃了那些能令你茁壮成长的好机遇和令你真正做出独特贡献的事情（如果你能把精力放在这些事上面）。

我们常常会见到在管理团队和处理琐碎事务中忙得焦头烂额的企业家。这些琐事交给别人去做反而更好，而他们应该忙着巩固客户关系、推广产品，或思考改革方案等事务……不论是什么，都应该能激发他们最大的能力，取得最佳结果。大家很容易使自己相信“琐事也是很重要的”，有时候的确如此，但真的有必要亲自去做吗？有时候是的，但更多时候，带着真诚和创造性的眼光来看，它们是可以分派出去，换种方式来做或干脆取消掉。所以，倘若你发现自己的劳累多过乐趣，那也许即是一个迹象：你手头的事，其实不如不做。

做自己喜欢的事，设法往里面加进乐趣，如此一来，你就能找到此前未知的持续成长的机会。

## 如何起步？

利用衡量工具和挑战，将任务变成游戏。我们喜欢用一种名叫“短跑”的技术，将一个大任务分割成可操作的小块，然后将其变成游戏。所谓“短跑”理念，就是设定一个可衡量的目标，然后将其作为挑战，争取在一定时间内将其完成。对丹·苏利文而言，其意思可能是在 20 分钟之内写完一页书。如果他在 10 分钟之内完成，那就是提前达到目标。不断记录自己的成果，如果喜欢的话，可以在达到目标时奖励自己一下。通过不断给自己挑战的方式，原本重复而令人生畏的任务就变得有趣起来，而且，你还能带着冲劲去寻找做事的更好方法。在设计“游戏”时，最好将其设计成能够完成但带有难度的，这样才能帮助你在完成任务的同时得到成长。

以更有乐趣的方式取得期盼的结果。这其实和心态有关。倘若你带着这样的想法——这事儿不是苦差事，而是有乐趣的——开始，你就能将乐趣加入其中。查德·约翰逊的“SCAMP”游戏就是一个例子。问问自己，怎么做才能使其更有趣？如果你想不出来，可以到 Quora 或 Facebook 等在线社区求助，把大家的主意记下来，或者以传统方式问问周围的人，在他们的建议中寻找可行的方法。

使用“乐趣过滤器”。大家经常能见到有人不愿放弃手里讨厌的工作，因为其观念是“做不喜欢的事也是人生的一部分”或“把不喜欢的事让别人去做是不公平的”。我们的观点则与之不同，在工作中我们了解到，因为每个人都有其“独特的能力”，而人与人都是不同的（因此称作“独特”），所以，你不喜欢的事一定有人会喜欢。因此，你若是将其紧抓不放，其实是剥夺了别人的喜好。其中诀窍是——找对人。厌烦梳理、组织工作的企业家们常常发现，竟然有人会乐在其中，将繁乱的事整理得有条不紊。大家若想找出自己的独特能力，或学会如何找到在做事的喜好方面与自己互补的人，请访问 lifetimegrowth.com、strategiccoach.com 或在亚马逊上查阅 *Unique Ability 2.0: Discovery*。这是我们的理论大全和工作手册，能给大家指引。在超过 15 年的时间里，我们用这些帮助大量客户找到了各自的独特能力。

“乐趣”并不是“不认真”。在战略培训公司中，有很多客户和团队成员能做到既擅长某事，又能从中获得乐趣。倘若在工作中别人纷纷批评你，说你贪图“玩乐”，或认为你工作不努力，那你应该好好考虑一下，这样的工作是否是你想要的。在真正培育和欣赏成长的工作环境中，“乐”在工作中是正常现象，而非反常特例。

*CHAPTER SEVEN*

# 法则七 合作为上，地位次之

**感谢并欢迎别人的贡献，而不是囿于个人得失。**

合作对一生的成长至关重要。很多人为了同一个目标同心协力，其结果一定好于独立单干。与别人合作，为更多合作创造机会，这样做的话，就能在生活中、在世界上做成大事。然而，有些人总是误以为——倘若与别人合作，或平等地看待同事的贡献，那么人们就会小看他们，或者，其功绩会被削减、掩盖。这些人依恋身份和地位，不愿与别人合作，也给自己的成长加了镣铐。始终做到“合作为上，地位次之”，你就会发现无尽的可能性，以及自己和别人的才能、机会融合时产生的增大效应。

有些人生来就身份非凡——皇室成员、名人子女、阶级社会中的高层子弟，如此等等。而对大多数人而言，地位来自于你的贡献和成就，你也因地位而得到认可和仰慕。虽说仰慕不是坏事，但若把获得、维持身份地位当成主要目标，那就自绝于一个能带来广泛成就和大幅成长的重要因素：与他人合作。

## 关注别人的贡献

“合作”与“促进合作”并不意味着别人说什么你就做什么，或一味回应他们的需求。所谓“合作”，就是大家都关注于同一个目标，各出其力。倘若有人醉心身份地位，而将合作置之不顾，那他的日常行为就会阻碍合作的进程。贪恋地位的表现包括：从不承认犯错；总是抢功劳；总表现得比别人优越。这么做很浪费精力，也会妨碍大家取得突破性成果。

## 放下身段，取得成就

有个舞台，很多人在上面保护、提高自己的地位，那就是政界。毕竟，政治与权力息息相关，而地位总能给人带来权力。政客依赖在大众眼中的地位来获得选票，还依赖在权力掮客眼中的地位来做事。露丝·塞缪尔森在竞选美国北卡罗来纳州梅克伦堡郡的郡委委员时，就是如此脱颖而出的。露丝从政，是想做些实事。而很快她就发现，要达到这个目的，就得多认识人才行，尤其是那些可能反对她的人。她在宣布参选之前就开始这么做了。她跟所有可能反对她当选的、有影响的人物见面，并问他们这样的问题："您认为梅克伦堡郡人民面临的危险是什么？""作为一个大社区，您认为我们有什么发展机遇？""倘若我来竞选，您担心的是什么？"通过此举，她的潜在对手感觉到她是在认真询问、听取意见，并借此机会发现她跟他们在很多重大问题上是志同道合的。到了最后，没有人再反对她当选了。

## 合作始于对话

上任之后，每当遇到棘手问题，露丝总能通过多方合作将其解决。她甚至能与不同政党、不同利益的人合作，因为大家都知道她从谏如流，乐于合作。她常常会说："好的。你想要什么样的结果？怎样才能让我们双方都满意，从而得到比双方争斗更好的结果？”露丝明白，合作始于对话：提出经过精心考虑的问题；倾听；尊重别人的意见；理解别人真正担心的问题；明白别人最期盼的机遇是什么、他们能付出的努力是什么。有了这些“情报”，她就能找到双方交流和达成协议的共同点，而这是其他政客所缺失的。

露丝所做的一些硕果累累的工作，都完全是在聚光灯之外完成的。悄无声息地，她找到新颖的方法，使各方把自负和各自的政治立场抛到一边，从而齐心协力为选民谋求最佳结果。这些工作往往是在幕后完成的。比如说，她不动声色地与不同政党、郡政府及工作人员合作，仅投入一亿六千万美元就完成了法院的迁移工作，为纳税人节省了数千万美元。为了追求美观，法院最初的选址需要拆毁、重置很多栋建筑，而在新址上，则能花更少的钱建成更好的法院，还避免了节外生枝。

为什么别人想不到这个解决办法？因为他们没有提出

露丝所问的那些问题。当初，在弄清事情原委之后，她立刻行动起来，召集所有需要合作的各方人员，一起想办法。倘若大张旗鼓地做事，就会大范围地涉及政治因素，进而使各党派及政府的合作泡汤。而按照露丝的做法，大家就能先把身份地位放在一边，只想着如何携手把要做的事做好，从而相对有效地避免了潜在的政治混乱。

露丝独特的办事方法使她赢得了各方的高度信任和很高的名望，大家说她一心致力于为公众寻求最佳的解决办法。她在近乎不可能的情况下谋求各方合作的创造力，以及为梅克伦堡郡人民做成的实事，都增强了她的信心。最近，她与 PBS[①] 合作，制作一期北卡罗来纳州夏洛特的黑人历史的特别节目，她筹集资金制作这个节目，为的是消除当地各种族之间的紧张局势。这个计划同样是建立在一个理念之上：有共识就能推动合作。

她决定把自己的名字从所有筹集资金的材料中抹掉，因

①美国公共广播公司。——译者注

为她的政治立场会招来不同政党领导层的阻挠。看重合作，看轻身份地位，这个习惯使得露丝极具说服力和效率，从而不断给她带来好的机遇。

## 合作使人不断超越

有的人通过不断合作取得重大成果，有的人则一心想要保住身份地位，前者常常被后者视作一种威胁。不论有意无意，你若把精力放在了身份地位上面，就无法理解为何善于合作的人会取得如此成就。而你面临的风险是：这些人会不知从哪里冒出来，从你身边呼啸而过，把你甩在后面，还“偷走”本应属于你的赞誉。更气人的是，他们根本就不在乎地位和赞誉，他们一心想的只有成长。

乔纳森·B·史密斯就是这种“超越者”之一。跟露丝一样，乔纳森总能在创造成果的过程中获取活力，并且喜欢从中学习。他通过一个项目为“白血病和淋巴瘤协会”筹款。只要捐款超过一定数额，就能获得一次旅行奖励。有人给他建议，让他写信征集善款，再跟进一个电话。而根据统计，在募捐活动中，每寄出4封信，只能获得1份捐款。乔纳森拥有一家公司，主营网站的在线推广，而他也喜欢用网络工具解决问题。他立刻意识到，用网站征集善款，其结果会好过写信的方式，因为网络上的捐款人可以立即付款，而传统方式中，捐款人要把支票寄过来，而他们常常在放下电话之后就把这事忘了。

怀着“好玩”的心态，乔纳森决定试试这个想法，看看能不能通过网站募捐的方式筹得足够旅行奖励的善款。于是他就建起了网站，然后给朋友们打电话，请他们捐款。但这个办法只能限定于有直接影响的范围，即他的亲友圈。在募遍了亲朋好友之后，他又运用搜索引擎知识，推广他的募捐网站，使那些在网上寻求捐赠的人能轻松找到他的网站。

他的方法立竿见影。来自陌生人的捐款蜂拥而至。随之而来的还有对“白血病和淋巴瘤协会”网站及病人需求的问题和意见。不经意间，乔纳森的网站变成了一个中心，吸引了那些想以简单可行的方式为“白血病和淋巴瘤协会”捐款的人。他促成了很多捐款，还开启了双方对话的宝贵通道。

通过网民提出的问题，乔纳森渐渐明白了捐赠者看重的是什么，并根据他们的需要去调整网站的设计。首先要做的一件事就是撤掉他自己的照片。人们并不关心乔纳森是谁，他们想知道的是“‘白血病和淋巴瘤协会’的地址在哪儿？我支票本都拿出来了，我现在就想捐钱。”如此等等。所以，乔纳森就把这些信息挂在了网站上，还使直接捐款变得简单了很多。除此之外，他还解决了网民的其他问题，如：如何确认捐款已经收到；怎样捐赠汽车或船；到哪里捐头发等等。所有这些信息都能在网站上找到。而捐款方式——大家最关心的问题，被放在了最显眼的位置。

通过与潜在捐赠者的合作，乔纳森创办了一个高效的在线募捐平台。而这也使得“白血病和淋巴瘤协会”全国总部的一些人怀疑起他的动机。尽管所有的捐款都毫无保留地给了他们，但他们想知道——为什么乔纳森要花自己的钱和时间为协会筹款，为什么他被允许有自己的网站。他们尤其心烦的是，乔纳森的网站打乱了传统的以州为单位的筹款布局，全美国的人，不论身在何处，都能在他的网站上捐款。

乔纳森的网站及其成功运作，同样还威胁到了那些收费的筹款人，后者的工作是为协会筹集单笔金额超过一万美元的捐款。他们无法相信，一个连基本行政机构都没有的人，竟然能在密歇根州筹得得克萨斯州的一笔五万美元的善款，因为这种事是传统筹款方式不可能做到的。在这个特殊的例子中，能成功筹款的关键是：捐款人希望在 12 月 29 日捐款，并且在当年内收到税单，而只有通过乔纳森网站在线捐款才能保证及时完成。

平心而论，“白血病和淋巴瘤协会”的绝大多数行政机构都在某种程度上妨碍了合作，因为它有明确的层级制度和对维持地位的需求。

## 地位是成功的产物

在为“白血病和淋巴瘤协会”募捐到三十万美元之后，乔纳森被授予2004年“年度人物”称号，还荣获了“董事局主席嘉奖”，后者一般是颁发给做出卓越贡献的科学家和研究人员的。这些荣誉和嘉奖都很好，但那不是乔纳森看重的东西。真正令他激动的是：作为促进陌生人（只有通过在线搜索才能知道对方的存在）合作的平台，互联网的作用令人震惊。2004年，乔纳森被诊断出糖尿病，他与医生商量好，建了一个类似的网站为糖尿病患者筹集善款。这一次，他提前解决好了政治方面的问题，从而可以通过自己擅长的事——利用网络使人们轻松解决问题、满足需求——将精力全都用在创造成果方面。

有人说，只要你不在乎功劳是谁的，世上就没有办不成的事。倘若能把“地位”看作是在促进合作过程中所创造的成果的副产品，那你的成长之路将永远敞开。

## 如何起步？

坦诚面对自己的动机。看看你手头正在做的事，你为什么要做它？是与你自己、与你的晋升有关，还是要为别人创造成果？以上二者，你为了哪个而奋斗？你的行为说明了什么？有时候，这些问题的答案会令我们自己大吃一惊。倘若自负和对地位的需求妨碍了你为他人创造最好的成果，那就要小心了，因为这样做会令你停滞不前，只能眼睁睁看着那些致力于创造成果的人超越你。倘若你真心致力于创造成果，同时又不愿放弃手里的身份地位，那么就看看它浪费了你多少的时间、人力、物力。你守护身份地位的"成本"是多少？倘若你以合作的态度使用这些资源，你能否得到不言而喻的成果？

感谢并欢迎别人的才能和贡献。这一条包含两个意思。一是"主动感恩"——（提前）感谢别人能做出贡献，其付出将会使成果锦上添花；二是老式、朴素的——（事后）为别人已经做的事表示感谢。没有人愿意跟那些把所有功劳都据为己有的人共事。倘若你为某人或某些人解决了难题

（就像露丝对选民、乔纳森对捐赠者那样），你要知道，他们将会做出极大的贡献。问他们问题，然后敞开心扉倾听他们的回答。“有问题的人”与“试图为其解决问题的人”之间的合作越深，解决方案就越是有效。而有效的解决方案能提升人的地位，至少足以给他们机会去创造更多成果。

要“掌管”，不要“控制”。最强大有效的领导术，是“掌管”而非“控制”。二者有何区别？前者意为与团队成员清晰地交流设想和目标，并支持团队取得预期成果；后者则是认为自己得推动工作过程的每个环节，并通过命令把事情做成。如果你认为事无巨细，都要由你来控制，那么你会扼杀团队的创造力、信心和合作。倘若你放手让团队里的诸位人才同心协力去完成任务，那么他们的创造力、信心和合作会自然而然萌发出来。关于如何做一个“服务型领导”，有很多好书可以给大家指导，在 lifetimegrowth.com 网站上也有类似建议。

CHAPTER EIGHT

# 法则八 信心为上，安乐次之

**在赢得小目标后，保持自信去迎接更大的挑战。**

不断增强的信心对一生的成长至关重要。很多成功人士开始时都是怀揣梦想，敢于冒险，可他们在功成名就之后，就开始寻求安稳和舒适。这种心态使他们失去了干劲儿，也失去了获取成功所需的信心。安稳和舒适都是达成目标后令人心醉的副产品，但是，倘若二者被当成奋斗的目标，那人一生的成长立刻戛然而止。我们应把愈来愈安乐的生活看作实现更大目标过程中的暂时阶段。不断为更高的目标、更大的成就而努力，“信心为上，安乐次之”。

所有的成长都需要超越从前。如此一来，我们的信心——相信自己能接受新的挑战——才会提升。而致力于提升信心，会使我们有勇气克服恐惧，保持上升势头，不断迈入更美好的未来。

## 短时休息能增加自信

信心的培养同样需要我们定期“舒适地休息一下”。这些短期休息是很有必要的。利用这段时间我们可以回顾并庆祝所取得的成就，精神焕发地迎接新的挑战。这都是怀着自信迈向新目标的关键性准备工作。我们需要利用这段时间反省总结：“我做成了这件事，证明了我的能力。接下来，还有什么能做的？”

要想实现不断成长的目标，就得在两件事上把握好平衡。一是把自己赶出“舒适区”，将信心提升到新的高度；二是在这些新层面上舒适地小憩，使它们变成正常状态。

这一点跟锻炼身体极其相似：倘若不断挑战极限，中间不休息，有很大可能就会过度劳累、受伤，或吃力不讨好、事倍功半。而若是中间休息太久，则会失去动力和干劲儿，甚至前功尽弃。要解决这个问题，其诀窍是将舒适的休息时间控制得短一些，如此一来就不会失去干劲儿。否则的话，信心就会流失掉，很难重整旗鼓。这样就被困在“安乐”

中无法自拔，成长也就停滞不前了。

## 化“恐惧”为“行动”

离开“舒适区”的最大挑战是恐惧：害怕会失败；害怕别人发现我们并不像他们想象中那么优秀；害怕会失去重要的东西；害怕别人不理解我们所做的事……勇气是一种能力，能把这些恐惧转化为专心致志的思考和行动。在不适和气馁的时候勇敢坚持，其回报是能力的提升，信心也会随之增强。倘若你羡慕某个领域里信心满满的人，或希望有一天也能如此，那就得离开“舒适区”，下决心勇敢面对为具备能力要付出的一切。

即便是成功人士中的佼佼者，在培养新能力时也会感到恐惧，但他们最终学会了不被恐惧所阻挡。对其中的某些人来说，那不过意味着挑战更大，更有意义，更值得一试。

大家也许还记得本书第五章里提过的丹·泰勒。他的信念就是通过不断挑战自我来增强信心。抱着这个想法，他想与团队一起做些事，以此来庆祝2002年10月里他的50岁生日。他和团队成员决定，从现在算起，到离他的生日还有5个星期的时候，大家一起完成5件事：驾着4人筏在高利河[①]里完成26英里四级和五级难度的漂流（有导航员）；骑自行车100英里；参加芝加哥马拉松；一天之内步行50英里；游泳5英里。而团队里所有人，在自行车、漂流、长距离游泳方面的经验都是0，他们中大多数人一次最多能跑3至5英里。可5个月之后他们就得参加全程26英里的马拉松。这可是个不小的挑战。

大家也许会问，对脑子正常的人来说——尤其那些因为要管理生意、培训，还要设计新的教学项目而没有太多闲暇时间的人——为什么要选择这样一些需要大量准备工作和训练的事，还仅仅是为了庆祝生日？答案是：丹·泰勒总是从挑战中获得无穷的活力。在人生的这个节点上看看自己能不能完成以上任务，这件事对他有非常重要的意义。

---

①高利河，位于美国西弗吉尼亚州，因其急流而全球闻名。——译者注

一旦萌生了这个想法，他就自然而然地将其提出来了。接着，他与团队成员一起制订了时长5个月的训练计划，以逐渐提高他们在跑步、游泳、自行车方面的能力。

要做到“信心为上，安乐次之”，就需要你不断接受新的挑战，不管你怀有怎样的恐惧。每一次胜利都会带给你新的感受，使你知道自己能适应怎样的“难度”，从而为成长和成就搭建新的平台。大家可以将这个过程与爬台阶联系起来。随着信心一步步强化，原本看似几层台阶之外的、不可能达到的目标，也能成为囊中之物。

10月份来到了。经过大量训练之后，丹·泰勒将身体和精神都提升到了极限。5件事中他完成了4件，只有游泳一项，原定游5英里的目标因6英尺的浪涛和大风警报被缩减为3英里。他说漂流是“绝对的恐怖”，但他顺利完成了。一周周时间过去，一件件事做成——独自骑车，巨浪中游泳，步行50英里，跑完马拉松……他的信念——对自己身体和精神能力的信心——被提升到新的水平。

经历此事之后，丹·泰勒又有了新的常规训练内容：每周跑步 22 ~ 30 英里，每周骑车 50 ~ 100 英里，每周游泳 2 小时，还有力量训练。随着他不断挑战新的目标，他对自己的身体素质有了极大的信心。他团队中的两个成员之前从未有过马拉松经历，他们不仅完成了芝加哥马拉松，还在丹·泰勒游泳时担任观察员。其中有个人，他在丹·泰勒的新常规训练中受到鼓舞和启发，决定接受更多的挑战，他在一年之后参加并完成了铁人三项半程赛。

## 逃离“安乐”的枷锁

那么，你怎样才能知道自己被困在“安乐”之中了呢？通常情况下，倘若你有自知之明的话，那么在你成长的速度放缓、需要改变的时候，你就能感觉出来（本书结尾处的练习能帮助大家自省）：生活变得简单重复，或失去了最初的意义和激情；你可能开始觉得无聊、不安，还常常自问：“难道就这样了吗？”即便有这样烦闷的感觉，我们有时候也很善于自我安慰“一切 OK”，在身处安乐之中、而成长的前路不那么舒适的时候尤其如此。我们总有很多理由和干扰，以强化驻足不前的决心。一旦这样做了，那就是为了得到安乐而出卖了梦想。

要逃离“安乐”的枷锁，只有一个办法，那就是扔掉那些让你高枕无忧的东西，接受新的挑战——不论其大小——以提升信心。有时候，需要经历一场“大灾”来产生这股推力。但大多数时候，只需要某个能看到你潜力的人（甚至像《终身学习》这样的书）推你一把，足以让你明白自己错失了什么，并使你重整旗鼓，再次迈上成长的台阶。

本书第三章曾提到过的丽莎·佩朱安－野村是个舞蹈演员，但她已经很久不跳舞了。她经营着一个儿童识字培训项目。这份工作使她能拿到稳定的薪水，也与她一个长期目标——做与童书有关的事——有联系，至少她能对自己说，这份工作不错，很体面。

有一天晚上，丽莎梦见了以前的一个名叫凯伦·凯嘉的舞蹈老师。第二天，出人意料的是，她竟然收到来自凯伦的一封电子邮件。邮件里老师问她：“你的舞跳得怎样了？”丽莎回答：“啊，您知道的，我不知道这世上有多少人喜欢看圆滚滚的人跳舞，我现在太胖了……”凯伦回信说：“与舞蹈有关的不是体型，而是心灵。你有最美丽的心灵，多伦多的人、全世界的人都愿意看到它。”

这些鼓励的话语，以及那个奇怪的梦，使得丽莎明白过来，原来她一直都躲在各种各样的借口后面。如果她想成为一名舞蹈演员，她只管行动起来就好。那一刻，她决定辞掉工作，去当一名全职演员。尽管她确信这是一个正确的选择，但这个想法还是很吓人的。她参加的舞蹈表演还有一个半月就要结束了，而那之后的事她尚无计划。离演出结束还有 3 天时间时，她仍没有新的打算。

然而，就在演出结束的当天，离奇的事情发生了。她接到一家爱尔兰制片公司的电话。他们正在为节目寻找舞蹈演员，而他们听说过她的情况。他们让她到爱尔兰参加节目，时间两个月，从下周三就开始。从爱尔兰回来之后，好事便源源不断。她的名声传开，工作机会蜂拥而至。好像她的决定和信念打开了机遇的闸门。她信心大增，觉得一切皆有可能。她还发现自己拥有把其他艺术家组织融合到一起的才能，而且很快就打响了名声——她是一个别具匠心的杰出的艺术策划人，能把多种不同的表演组合起来。

5年时间过去了，现在的丽莎每两个月就会组织一次卡巴莱演出[①]，让艺术家们登台表演。她还成了一个独具匠心的培训师，其事业蒸蒸日上。她为别人提供机遇和鼓励，让他们勇于把握，而这些都是他们原本不敢独自承担的。除此之外，丽莎仍继续挑战自我。她成了一名视觉艺术家，还搬到了一个新的城市生活。很快，她就成了当地艺术圈里的一股清风，还成了圈内受人敬重的改革者。

①一种欧洲盛行的歌厅式音乐剧，通过歌曲与观众分享故事或感受，演绎方式简单而直接，不需要精心制作的布景、服装或特技效果，纯粹以歌曲最纯净的一面与观众作交流。——译者注

## 有奋斗才有成长

乍看起来好像丽莎的运气很好，可事实上，无论发生什么事，在她全心全意地决定成为一名舞蹈演员的那一刻，她的成长就开始了。如果你接受了新的挑战，即便未能达成目标，只要能把这次经历转化成经验教训，以备下次使用，那你的成长就不容小觑。丽莎很直率，知道不是每一天都过得轻松愉快。但她自我怀疑的那些时间，最终使她成了一个更优秀的培训师和艺术家。事实上，她的工作经常会带来幽默感、仁爱和每天的英雄气概，而这些东西都能助我们度过脆弱和变动的时刻。你自己的故事——你如何变成今日此番模样（往往是个不断发展的过程）——往往会因接受并克服的挑战而变得更有趣，而当你接受并克服挑战需要勇气时，当你通过战胜困难向自己及别人证明能力时，尤其如此。

那些能做到“信心为上，安乐次之”的人会告诉你，一段时间之后，你就不会那么害怕犯错。事实上，你开始发现，最大的突破往往源自犯错，因为你从中得到了改善后的理念。“勇气阶段”位于“决心接受新的挑战”和“成功之后的成就感”之间，它令人不安，但是，一旦你意识到它只是成长的暂时代价，它就变得不那么难熬。至少，这段成长是一定会有的。不论结果如何，只要你能看到其本质，那么，通过离开“舒适区”，做那些逼着你提高能力、增强信心的事，你总能有更大成长，也能收获更多。你要做的只是接受一个前提：你往往不知道其回报到底是什么。就一生的成长而言，只要做到“信心为上，安乐次之”，那就一定是“稳赚不赔”的。

## 如何起步？

设定目标，行动起来。你若发现自己陷在了“舒适区”里，也许就该设立新的目标了。目标可大可小。大目标往往鼓舞人心，但要想知道从哪里开始，你得把它拆分成可控可衡量的若干小步骤。小目标很有实用价值，因为它容易达成，并且能快速提升自信心。但是，倘若你想保持向上的势头，就得一个接一个不断设立新的小目标，或将所有小的成功串联起来去完成一个大目标。关于目标，这里有个秘密：重要的不是你是否达成目标，而是看它能否让你努力奋斗了，因为努力奋斗能造就成长。最有价值的结果，其实是在追逐其他目标时预料之外的副产品。

倘若需要，那就稍微休息一下。有时候，在特别困难的活动、项目或一系列事务的路途中，我们会因身心疲惫而失去信心。倘若你的效率持续下降，最好停下来舒适地休息一下，充充电，而不是继续下去。在恢复了精力，聚起精神之后，你将会在更短的时间里完成更多任务，并且把休息的时间弥补回来。如果可能的话，至少拿出一整天时间休息，期间切断一切压力源，做一些令你愉快的事。记住：不适感及克服不适感所需的勇气，都是培养新能力过程中的必要元素。过了这个阶段，你就能到达新的层次，享受努力的果实。

借鉴以往经历。大家可以将以往的经历用作原材料，作为证明的方法，去证明你以前曾做成类似的事，并且能再做成一次。在战略培训公司中，我们有一个叫作“4C 公式”的练习，而使用它的方法之一，就是回顾以往的经历，弄明白如何培养一种新能力，然后以此类推。

回顾以往经历，想想你是如何培养新能力的：开始是下决心，决定离开“舒适区”，尝试新事物；然后是鼓起勇气，克服学习过程中的恐惧和不快，以及因棘手而产生的不确定感。一旦克服了恐惧，你就能学得新能力并且增强信心。回顾以往经历，写下你对以上几个阶段的感受，你就能弄明白当初是如何做成的。下次再遇到需要勇气下决心的机遇时，你就能在心中规划出每个过程的情况，胸有成竹地走过每个阶段。这一点在走过“勇气阶段”时尤为重要。因成长需要勇气而感觉糟糕，与因受困或停滞而感觉糟糕，这两种感觉是截然不同的。心中牢记决心，牢记要培养的能力和信心，这样做虽然不能将“勇气阶段”的艰苦剔除，但它能理顺来龙去脉，提醒你吃的苦都是值得的。

CHAPTER NINE

法则九

# 目标为上，金钱次之

**你的眼光要放在目标上，金钱只是顺便的事。**

设定越来越大的目标，对一生的成长至关重要。有些人在事业起步时认为金钱就是他们的目标。在一定条件下，金钱是衡量成功或发展的方式，也是为了实现更多可能性的有利资源；而在某些时候，没有目标的金钱只会失去意义。只把金钱当成目标，会阻碍人的成长。而一个超越了金钱的目标能给你持续不断的奋斗动力。人生因目标而有了意义，也因而能把才能和精力集中于此。它还能吸引与我们志同道合的人，与他们的才能、精力相汇合。把金钱仅仅看作实现更大目标的一种方式，你就能聚集所有的资源和回报，打造一个丰富多彩的人生，而非仅仅拥有金钱。

看到这条法则，有些人会想，说得挺有道理，可它是不是有点儿理想化了？答案是否定的。即便是在商界，秉持“目标为上，金钱次之”的信念，也能成功地成长。

## 收益是为目标服务的

丹·苏利文和芭布斯初次见面时，芭布斯正经营整体健康业务，丹·苏利文则是面向企业家和政客开展一对一培训。他们的客户都是在成长、谋求幸福、实现目标等事情上遇到了障碍，而他们俩都热心于帮助他们克服障碍。他们俩很快就成了挚友，互相支持彼此的想法和事业发展。随着感情的加深，他们最终结为夫妇，携手共度人生。

芭布斯看到，丹·苏利文的方法和操作过程很有潜力，能够帮助更多的人。她就暗下决心，用自己的才能和经商感觉来创造一个机构，既能使丹·苏利文的事业成长兴旺，又能帮助更多的人。在她的设想中，这个机构不仅可以养活她和丹·苏利文，还能养活那些加入其中帮助达成这个目标的人。并且，它会不断成长，不断成功，不断走下去，甚至在他们去世后仍能继续发展。这个最初的设想，最后变成了战略培训公司。芭布斯结束了自己的整体健康业务，将自己的精力和能力全部投入这个机构中，围绕丹·苏利文的业务发展事业，来实现以上目标。

为了维持业务，实现全部设想，无论是过去还是将来，“钱”都是很重要的因素，但它从来都不是他们的主要目标。多年以来，丹·苏利文和芭布斯早已学会如何维护机构的基本原则并将团队成员团结在此原则之中——它共有3句话，他们将其称作“最高指导原则”。

1989年，战略培训公司成立。那时他们的目标是挣钱补交一笔数额巨大的税款。尽管这个目标的本质是对现金的需求，但他们选择的方法同样兼顾了其背后更大的目标。他们决定创建一个小组学习项目——由丹·苏利文同时对一组企业家进行培训，而非以往一对一的模式。如此一来，丹·苏利文的培训项目就能惠及更多人，也就意味着能有更多收入。

## 保护核心价值

在战略培训公司的成长过程中，在经历过无数困难和机遇之后，丹·苏利文和芭布斯渐渐明白了——在实现他们人生的伟大目标、实现事业成功的过程中，最重要的因素其实是他们的人际关系的力量。为了保护它不受侵害，他们在发展业务时渐渐总结出了3条“最高指导原则”，即：

1. 我们所做的每一件事都要有助于团队协作和成员关系的紧密；
2. 始终控制进展的动力；
3. 道不同不相为谋。

大家都能看出来，以上3句话并非公司的经营宗旨，而是一种个人价值宗旨，是丹·苏利文和芭布斯为了保护个人及事业成功的核心而最看重的东西：人际关系，以及将公司当作成长的发动机。作为公司的决策宗旨，这3条基本原则将很多起初看似有赚钱潜力，最终却会造成灾难的机会消灭在了萌芽状态，也使他们抵住诱惑，不与错误的对象合作。他们打造了增进交流的体系，从而保证了丹・苏利文、芭布斯和团队成员始终紧密团结在一起。他们创办的公司，以其正直而言行一致的风格闻名。他们还让团队参与进来，支持他们俩保护夫妻二人的核心价值和精神力量。

自从制订了这些最高指导原则，公司的收入已增长了100倍，而大家总能感觉到有大量资源来助力公司的成长。战略培训公司的员工已增加到100多人，芭布斯的设想正以尊重、珍视、完善、回报每位成员的独特贡献的方式慢慢实现。公司的客户越来越多，丹・苏利文的工作也给越来越多的人产生巨大而深远的影响。简而言之，最初的大目标正在实现。他们的公司以更伟大的方式去实现这个目标，努力去创造价值，而金钱始终被他们看作努力所产生的副产品。

倘若丹・苏利文和芭布斯在价值观上稍作妥协，他们是否能挣到更多钱？在短期内可能是的。但是，回顾起来，他们几乎可以肯定：当初任何一个看似诱人的业务冒险，都会有损他们的成长，而这些成长所带来的，是与他们的大目标相关的大机遇。

## 目标和金钱发生冲突时怎么办

丹·苏利文和芭布斯成功开创了事业，通过追逐更大的目标挣更多钱。这种业务方式使得他们夫妻二人（以及团队成员，当然还有他们的客户）能以更多方式——在个人方面和事业方面——成长，同时还挣了钱。然而，人生并非总是如此。挣钱的机会并非总是与我们的目标和价值观相统一。在这种情况下，“目标为上，金钱次之”就成了一个艰难的选择。毕竟，我们需要钱来生活，而坚守目标能有什么好处，我们无法看清。

问题是，在金钱和目标之间，如果选择了金钱，放弃了目标，那么，它常常会把我们引入成长的陷阱，从此停滞不前。金钱会使我们分心，不去想这个问题，但事实却是——在展示自己的努力成果时，除了钱、物，我们什么都拿不出来。有了目标，就能把钱好好利用起来，没有目标，再多的钱也毫无意义。当你选择了坚持目标，若要获得其回报，那么收入的减少只是你要付出的小小的代价。下面看看布雷森·麦克唐纳的故事：

布雷森现在是一名退休的社工。早些年，他在一家汽车制造厂担任"就业顾问"，薪水很高。有一次，上面要求他找些借口拒绝雇用有色人种和女性。

当时布雷森刚刚娶妻生子，对未来也没有更好的打算，但正直的他受不了公司的劣行，就辞职了。

以前他曾帮助过一个过渡住所①，雇用那里的假释犯到工厂的装配线上工作（"没装配好的汽车，想偷都开不走"，他开玩笑说）。过渡住所的假释官一听说他在家待业，就立刻把他聘用了。

①为出狱者、出院的精神病人、戒毒者设立的机构。——译者注

“我的收入大打折扣，”布雷森说道，“但这份工作对我的身体健康很有好处。”这个决定为他余生的事业奠定了基调，很多出狱的犯人至今仍能记得“麦克唐纳先生”曾帮助他们改变了人生。

布雷森的故事表明，目标不必宏伟，它可以像“做个好人”一样简单实际，只按你自己的标准来评判即可。

## 妥协的后果一发而不可收

倘若只需要稍稍妥协一下，就能挣很大一笔钱，那该怎么办？可不可以先把钱挣了，然后再回到目标上面去？这完全是个人的选择，取决于当时的情况，以及你要破坏或忽视的目标的重要性。这样做的后果，往往是一发而不可收的。一旦你在价值观上做出了让步，那在你心中，其重要性已经不在，下次再有类似情况，你会轻易地重蹈覆辙，而在不经意间你就变成金钱至上了。还有一个问题是，在你只盯着大额报酬时，它看似只是一次小小的妥协，可日后，在你需要面对这一决定所造成的所有后果时，它就会变成一次巨大的牺牲了。

## 不为金钱所动

在金钱的诱惑面前不为所动，而是忠于自己的价值观，信守目标，这样做会逼着你成长。它会给你一个机会，让你强化价值观的信念，并开动脑筋，发挥想象力，去寻找其他既符合目标，又能解决经济需求的方法。

菲德尔·雷杰斯在20世纪90年代曾当过环保顾问。他之所以选择这个职业，是因为他想帮助企业和机构找到做事的方法，既能高效完成工作，又能减少对环境和人体健康的伤害。

建筑工地上使用的材料，往往单个无害，但混合使用的话就会对环境和人体健康产生毒害。除了有毒物质，大型建筑项目还有日益增长的能源需求和垃圾处理负担，这一切都会给环境造成巨大影响。

跟其他业内人士一样，菲德尔知道市场上有能减少这些负面影响的产品和解决方案，即环保型产品。但在人们的意识里，这样的产品往往很贵。建筑公司想的则是给公司的股东们节省成本。所以，虽然建筑公司也希望树立良好的企业公民[①]形象，但他们非常精明，知道底线在哪里。于是菲德尔明白了，唯一能让建筑公司使用环保型材料的方法，就是使其价格与当前主流产品持平甚至更低。

令他沮丧的是，这是不可能的。他知道有些产品既省钱又环保，可市场上的情况并非如他预料。很多生产此类环保型材料的公司，其定价虚高，并且打着“绿色”的幌子抬高价格。他们预期的就是，要想买到环保型产品，就得花大价钱，而这恰恰妨碍了此类产品的大规模使用，

①企业公民是指一个公司将社会基本价值与日常商业实践、运作和政策相整合的行为方式。一个企业公民认为公司的成功与社会的健康和福利密切相关，因此，它会全面考虑公司对所有利益相关人的影响，包括雇员、客户、社区、供应商和自然环境。——译者注

也阻碍了它们在减少环境危害和健康危害方面起到更大作用。

综上所述，不论是建筑商还是环保产品生产商，出于各自利益考虑，都不愿意有所改变。在意识到这一点之后，菲德尔决定放弃顾问事业，转而追求别的目标。一个新的机遇出现了，为他的努力提供了更大可能性，去找到更好的解决方法，而不是做同样的事情挣更多钱。

在随后的7年时间里，菲德尔经历了飞跃式的成长，最终却陷入了一个两难之地：他发明的一项技术因理论上不被接受而无法推向市场。这项技术，若是好好利用，就能造福很多人；倘若用错了地方，也会产生很大危害。菲德尔和合作伙伴本可以图个省事儿，把技术卖个好价钱，但他们认为，最好还是把技术长时间控制在自己手中，以防其被误用。后来，当他发现自己已无法做到这一点时，就离开了。他想寻找一个项目，既能让他重拾热情，又符合他对“目标”的追求。

## 有目标，就有机遇

闲下来的菲德尔创造力爆发，新想法层出不穷。这 7 年时间里，他的信心和能力又有了提升，也有了很多新的深刻见解。数月时间里，他就想出了有可能解决问题——当初使他辞掉环保顾问工作的问题——的方法。

他最初的设想，是利用 2010 年温哥华冬奥会这个机会，向公众展示如何在建造和运营体育场馆时以环保的方式节省成本。他选择的地点是里士满市的奥运速度滑冰场地，也是速滑的主场地。那些既能让场馆省钱，又能做到环保的技术提供商、建筑材料生产商都被邀请加入。他的计划使得各方都能挣钱（事实上是要求必须能够挣到钱），因为此项目的财务可行性是已经确立的。

要想把这件事做成，需要菲德尔利用所有战略上的人脉和财力物力，还逼着他将自己的创造力、交际能力提高到了新的层次。他的新点子受到了广泛呼应。事实上，人们纷纷前来聆听，提供帮助，举荐熟人参与进来。他轻松地获得了多位决策者的肯定。菲德尔把他们所有关心的东西——盈利、公共形象以及真真正正为环保做些事的渴望——融合起来，成功搭建了一个“舞台”，把所有参与者的个人目标汇集起来，去促成一个更大的目标。他的设想虽然尚在襁褓中，但已经吸引了公众的广泛关注。他的态度则是，即便有人此时来分一杯羹，他也不在乎。他关心的只是目标能够达成，而不关心过程是怎样的。

菲德尔对目标的追求，使他当初舍问题而去。有趣的是，也正是他对目标的追求，使他在时机成熟的时候又杀了回来。在项目的商谈过程中，又一个大机遇浮出水面。他和合作伙伴们发现，导致全加拿大的施工方和业主都不愿使用可再生能源系统的原因是钱，而这个问题也是能解决的。预付费是被禁止的，即便长远效益有所保障也是如此。他们发挥想象力，转换视角，最终想出了一种商业模式：先垫付屋顶太阳能发电系统的安装费用，然后，业主再以节能和向电网卖电的方式慢慢还款。如此一来，业主就能在自家屋顶上安装使用发电系统，既无须支付预装费用，又能在20年后将其归为己有。根据这种商业模式，菲德尔与合作伙伴们成立了“雷斯科能源公司”，此后，他们在加拿大很多著名的大型建筑安装此类能源系统，其面积是一个奥运会场馆的数倍。

从这个故事里我们可以看到一个有趣的地方：倘若成长是你真正关注的东西，那么长远看来，很少有值得单单为钱去做的事；反过来说，仅仅是为了目标和成长的话，有很多事情是值得去做的，不管其挣钱与否。然而，愿意不挣钱去做事，并不意味着你不应设法从中挣钱。最好的解决方案是两者兼顾。有了目标的支撑，金钱能帮我们打造长久、稳定的成长。

## 有目的地寻找目标

在结束本章内容之前，还有一个显而易见的问题要解决：倘若我不知道自己的目标是什么，那该怎么办？当然，不是所有人都像丹·苏利文、芭布斯、菲德尔那样有明确的目标。有时候，只有在迫在眉睫之时，目标才会显现出来，就像布雷森的经历那样。

找到“目标感”是一件很难的事。即便那些成功人士，也常常在此纠结。它的关键是：即使是寻找目标的过程，也能引领人走向成长。在寻找目标的过程中，你会问一些问题，到某些地方寻找答案，关注于某些事物，建立某些联系，在某些事物上找到意义。而这些事，若不是在寻找目标，你是绝不会做的。即便你不知道自己的目标是什么，你也能通过寻找目标来达到对目标的关注。寻找目标，本身就是一种目标，在你发现真正的目标之前一直如此。想一想，打动你的是什么，给你激情和活力的是什么，这就是你的起点。寻找目标，永远都比寻找金钱能带给你更多成长。

### 如何起步？

聆听心声，相信直觉。目标感与心、与直觉有关，与理性的关系则不那么大。我们总是可以把目标归结到金钱上去，可是，如果它感觉不对，那就是一个迹象，表明你的目标可能受到了威胁。你的某个选择也许看似合情合理，但对实现期盼的目标而言，它并非总是最好的选择。跟着感觉走，让它指引你找到正确的目标，然后再用你的头脑（理性）去考虑如何使其成真。

把目标写在纸上。把目标陈述出来，这样做在很多方面都有好处。首先，选择合适的词句会逼着你清晰表达自己的目标。为了将陈述弄得精确，时间和精力都是值得付出的。陈述是否正确，你的感觉会告诉你。很多找到目标的人都说，他们感觉就像做命中注定的事情一样。其次，把目标陈述出来，能让别人理解你，与你合作，从而帮助你实现设想。一旦把目标弄清楚了，你就能看清，哪些情况和行为是对其有益的，哪些则不是。在这些见解的基础上，你可以制定出像丹·苏利文和芭布斯那样的“指导原则”，当诱惑和别的机会出现时，让它来给你提醒，帮你坚守目标。

在本书第二版写作过程中，战略培训公司的目标是如此陈述的：

我们的目标是给企业家及其团队更多自由，使其在迅猛发展、无法预知的世界里兴旺、成长。我们提供实用的思维方法、业务方式和以成长为导向的团体，以帮助他们保持正确的思维方式，使其做出最有价值、最独特的贡献，实现最宏伟的目标，享受此后数十年里无可比拟的生活质量。

为了拟定这份目标陈述，我们几易其稿，还从团队成员那里征集不同的意见和建议，但我们并不觉得麻烦，而是很高兴，因为它既囊括了我们所做的一切，又相当明确。大家能看到，本书中的思维方式和理念是如何从实现以上目标的过程中进化而来。

你的目标也会随着时间而进化演变，你在人生不同阶段可能有不同的目标，这些都是正常的。

法则十

CHAPTER TEN

# 问题为上，答案次之

**真正的好问题，能使你一生都在思考、成长。**

问题对一生的成长至关重要。我们还是小孩子的时候，成长得很快，会问很多问题；长大之后，我们渐渐认为自己已有大量答案。对一些人来说，我们的安全感和自我定位就取决于拥有所有答案，永不犯错。因此，这些人企图用自己已知的答案去理解每个事物。但是，成长是发生在未知领域里的，已知属于过去，待探索的属于未来。做到“问题为上，答案次之”，你就能进入更宽广的未来，获得新的机遇。

问题之强大，无与伦比。其原因是，我们的大脑不能忽略疑问。它可能选择不回答，但问题依然存在，并不断引发新的思考。而与之相反，答案是封闭式的，你将其看懂，封存，就再也不去想它了。答案不需要你做进一步思考。也许正是因为这个原因，人们才会觉得答案令人安心。

## ‖ 法则十 ‖

## 问题为上，答案次之

### 好问题能主宰人生

问题能打开探究的大门：我们就是这样想象并发现新的可能性的。成长并非源自拥有所有确凿的答案，而是源自围绕一个问题所展开的对话。

那么，什么是好问题，如何才能做到“问题为上，答案次之”呢？好问题都是开放式的，也就是说，它不是简简单单一个答案就能打发的。真正的好问题，能使你一生都在思考、成长。

下面看看丹·苏利文是怎么说的：

9岁的时候，有一次，我走在俄亥俄州老家的玉米地里。那是一个美丽晴朗的冬日下午。太阳尚未落山，月亮已经升起来了，地上积着白雪。我向前走着，一架飞机从我头顶飞过。我抬起头，看着飞机从广袤的天际掠过，突然一个感觉油然而生：一切皆有可能。接着我便问自己：“我能发展到什么程度？”

那是我一个终生铭记的时刻。飞机，以及当时的景象对我而言就是远大前程的象征。离开脚下的农田，离开家乡小镇，到别处去。那是一种对世间万物的概览，远远超越了我当时的眼界。那是放眼全世界。那个问题决定了我的人生走向。从那时起，我不断问自己："我能发展到什么程度？"直到现在，我还在问自己这个问题。当时的我根本不可能预想到自己会发展成现在的样子，而只要我继续问自己这个问题，前路就永无尽头。

## 问题能建立我们与世界的联系

要保持不断成长，你的问题不必像丹·苏利文的那样宏大。只要是真正以探索的精神发问，任何问题都能助你成长。只要你真心想知道问题的答案，你只需通过问自己这个问题就能成长——即使得不到答案也行。因为问题能开启对话，它们能以新的纽带为我们建立与世界的联系。

在你真心发问并得到答案之后，你就会获得新的知识，提高理解能力。这些新知识又会引发新的问题，还会带来新的行动方式、新的观点、新的信心。

乔恩·辛格是美国新泽西州的一位企业家。他的女儿瑞贝卡·辛格有自闭倾向。他想为女儿提供优质的教育，就不遗余力地为自闭症儿童募捐、争取权利。瑞贝卡小的时候，他们父女俩的一次经历竟然产生了令人意想不到的结果：

瑞贝卡喜欢早起，她比妈妈、弟弟起得都早，所以，当她住在家里的时候，乔恩（也是个喜欢早起的人）早晨就带她去星巴克，这样就不会影响家里其他人睡觉了。跟很多有自闭症的孩子一样，瑞贝卡很难适应新环境。但经过锻炼，她能在星巴克待上10分钟、15分钟甚至20分钟了。

星巴克有一位好心的年轻经理，名叫汤米·舍伍德。他很早就到店里，并为乔恩父女俩开门。每次他都会向瑞贝卡打招呼，但瑞贝卡不敢跟他有眼神接触。终于有一天，汤米走到乔恩跟前，说能不能问他几个关于瑞贝卡的问题，因为他一开始就看出她生活得很不容易。汤米问道：“在面对有特殊需要的顾客时，怎样才能让我的同事、合伙人小心细致一些？”随后他还问了很多问题，有关于自闭症的，有关于培养孩子的——因为他正准备要孩子。

乔恩不仅会带着瑞贝卡来星巴克，有时候也带着 6 岁的儿子过来。汤米与乔恩一家熟络起来，甚至还为瑞贝卡的寄宿学校的某次会客日活动赠送了咖啡。有一天，汤米激动地给乔恩打来电话：“乔恩，说出来你都不会信——我雇了一个自闭症小伙子在店里工作，他是最好的员工之一！”

汤米继续跟乔恩说，一年之前，有家机构曾找到他，想为一个名叫克里斯的自闭症患者找份工作。但是，经过讨论之后，他们认为店里的工作环境并不适合克里斯。可是，在认识了瑞贝卡之后，他对自闭症有了更多了解，也看到了她付出时间和精力做成的事。他有自信在合适的时机雇用克里斯。汤米打电话过来，就是想为此事向乔恩道谢。

后来，乔恩在报纸上看到了有关克里斯的一篇报道。报道中引述了克里斯的原话，说星巴克这份工作是他人生中第一个机缘。店里后来晋升了他的职位，为他专设了“咖啡经理”一职，让他负责咖啡店的组织和整理工作。他在岗位上做出了突出贡献。乔恩打电话向汤米祝贺，说：“看看你为这个小伙子做的事！他人生并不如意，可是，因为你曾拿出时间了解瑞贝卡的情况，了解自闭症的情况，你改变了克里斯的人生！”乔恩对汤米的赞誉之情无法言表。而之所以能有这样的结果，是因为汤米积极地提出了一些真诚的问题。

那么，什么才是真诚的问题？有时候，人们会问一些很浮夸的问题；或者，他们问问题不是为了得到答案，而是想用问题引导别人同意其观点。带着探究答案的渴望，而不是对答案怀有预想，这样问出的问题，才是能促进成长的好问题。

## 拥抱未知

为能做到不断问出好问题，就得放弃任何可能的恐惧：不知道答案是什么，看上去很无知等等。但是，我们可以换个视角。倘若你能看重问题，看轻答案，那么，你是否知道答案就无关紧要了。事实上，最好的问题其实都是没有答案的。“问题为上，答案次之”的意思是：始终抱着开放的心态，承认自己的理解可能存在缺陷；始终愿意接受一个观点——总会有一个做事的方法比你已知的这个更好。只要你愿意接纳这些可能性，学习和进步就会水到渠成。

丹·苏利文在美国马里兰州圣约翰学院上的大学。在研读名著时，学校的教学理念就是基于提问。先是让所有学生读同一本书，然后，18 名学生和 2 位辅导老师聚在一间教室里，一位老师首先朗读书中的某个段落，然后提出一个问题，继而展开讨论。这里的优等生，都能用问题来回答问题。他们不断将对话推到深处，将问题扩展开，从而使得讨论愈发精细复杂。两个半小时的提问里，你能听到各种各样的观点，而这些观点是你独自一人绝无可能想到的。这种学习模式会令人感到谦卑。你会发现，不论有多么聪明，都不可能对任何事情有权威观点。人生就是通过不断的对话、听取每个人的观点塑造而成的。

在生活中不断问出好问题，这样做会给你一种不间断的感觉——总有更多事情有待发掘，已知的事也总能探索得更深。它会给你带来各种各样的机遇，让你学到更多东西，做出更大贡献。它是所有合作的基础，使你有更好的表现，也对别人产生更深的感激、同情和欣赏。不断问出好问题，能使你明白——尽管未知的事物有时令人恐惧，但它同样是兴奋、奇遇、成长机遇的源头，从而使你的人生更有趣，同时增加你的信心。好的问题能帮我们找到目标，给人生指引。

在本书提到的所有故事中，在其主人公成长的背后，大家都能找到一个关键问题或一系列问题。这是因为，对任何形式的成长而言，“问题为上，答案次之”都是一个关键元素。问题其实是思考的一种形式，它常常会积极地引领我们离开过往，进入美好未来。

## 如何起步?

调动好奇心。倘若你不知怎样才能问出好问题，可以借鉴以下办法：去接触一些能将你带进未知领域的新事物；读一本书或看一部纪录片，内容是你此前从未有过了解的事物；与某个不在你日常交流圈里的人交流一下；组织或加入一个讨论组，谈谈你未曾读过的文章或书籍，最好是谈一些你知之甚少的话题。带着最真挚的探究精神，亦即禅师所称的“初心”，去接触这些新事物，这样就有很多可以发问的话题了。

把谈话维持下去。与别人交谈时，倘若双方都有时间，那就尽量用问题将交谈持续下去。你甚至可以选择一个陌生人来维持谈话，如出租车司机、飞机上邻座的乘客等。认真聆听对方说话的内容，你就能找到下一步要开口问的问题。

# 几个能帮你起步的好问题

如果迄今为止我所做的一切都只是开始，下一步将会怎样？

在随后21天时间里，我想养成什么习惯？

我如果用25年时间来做一件大事，会是什么？

过去1年时间里，我最骄傲的10个成就是什么？下一步我怎样将它们一一发扬光大？

在我的人生里，已经无法接受的是什么？

在我的人生里，想发扬光大的是什么？想抑制减少的是什么？

我能发展到什么程度？

# 成长的决心

决定成长，就决定了掌管人生。但是，就像大家在书中若干小故事中看到的，到最后，这个决定的影响范围，会远远超过你本身。一旦决定按照这10条法则成长，机遇会不请自来，创意和资源会蜂拥而至，有着相应技能、热情、设想、人脉的人也会现身给你帮助。周围世界就是以这种方式支持你的成长。而你与世界之间的纽带也自然变得更加牢固。

因为有了这条纽带，成长就会产生连锁反应。它会给别人激励，为别人创造学习机会，就像凯瑟琳·野村（即本书作者之一）的妈妈希尔达，还有汤米·舍伍德遇到了瑞贝卡·辛格的故事一样；它会促成新的实体，为别人提供帮助，就像玛丽·安妮的“保障明天”项目、乔纳森·B·史密斯的募捐网站一样；它会促成新的能力、新的设想，就像马修·帕斯莫的“停车位公园节”改变了城市里公共用地的外观，以及克利福德·施尔林对权利的见解最终促成了以合作方式解决安全和治安问题一样。成长所创造的价值，大部分都体现在对别人造成的积极影响，而这些很可能是我们意识不到的。事实上，我们的成长可能影响了无数人，但只有在机缘巧合之下我们才可能发现。比如：

被解雇之后，克利福德有机会重返南非，到自己工作过的那个农场看看。刚好，农场主去城里了，不在农场。他步行翻过一座座土丘，听到周围的人纷纷用“inyoni ende”向他打招呼。“inyoni ende”是当初农场的工人们给他起的外号，在祖鲁语中是“长腿鸟”的意思。克利福德回来的消息传开了，全农场都在高声唱诵“inyoni ende”。大家从四面八方聚集过来，热烈欢迎他。克利福德非常感动。

克利福德知道当初离开农场对他的人生产生了深远影

响，但若不是这次偶然间故地重游，他永远都不会知道，自己当初反常的挺身而出反抗农场主权威的行为会在所有这些农场工人记忆中留下印记。当时，在种族隔离政策下无可奈何的他们只是在短时间里看到了权力站在了他们这一边。而克利福德也只是出于自身原因想给农场主一点儿颜色看看。但是，这件事的影响，以及“希望”“可能性”或任何当事人理解的形式，远远超出了克利福德的想象。而他也承认，他永远无法得知这件事对他们的人生产生了什么样的附带影响。

所以，按照本书的10条成长法则生活的话，其好处之一就是：在我们为了把自己的人生变得更丰富更有意义而成长的时候，同样也会对周围世界产生非常积极的影响。这一贡献会给我们带来回报：鼓励、资源、机遇等，它们会帮我们继续追求更高层次的成长。出于这个原因，你越是成长，那么，你保持不断成长就会变得越容易、越有乐趣。当“成长思维”变成习惯的时候，这10条法则就会成为你固有智慧的一部分。在你发现更多可能性时，你可以深化对这些法则的理解，并以新的方式对其进行探索。这些探索会继续给你带来回报和机遇，它们会为你打开人生的大道；倘若你没有经历过此前的成长，你是永远不可能想象到的。

## 一个建立在终身成长基础上的世界

下面请大家做个大胆的设想，想象一下美好的未来是怎样的：在那个世界里，所有人、所有的组织机构都遵循《终身学习》行事。他们全身心地用回报去做出更大贡献；他们组建的系统和机构看重合作，看轻身份地位；他们把金钱用于实现与更大价值观相契合的目标；他们一心要提高自身表现，即使当下不为人知，不被称赞；他们对自身能力抱有信心，以目标感、纯粹的好奇心、对周围的好运和机遇的感恩，以及对不断学习、成长、付出、获得乐趣的渴望为基础，去创造自己的未来。

世上没有不劳而获的好事，却有很多“好东西”给了一些人，他们优雅地将其接受，为了自己、为了身边的人而将其用于成长。社会问题的解决方法来自合作和携手创新——来自必需之人的贡献，再由那些喜欢通过提出恰当问题来发现真正需要做什么的人将其汇总。这些人知道对自己的生活质量负有责任，也有相应的思维和习惯将设想变为现实。他们深知，其成长与不断为他人创造价值的能力密不可分。

大家也许会想，要使设想成真，需要改变的太多了。的确如此。但大家从本书所列的故事中，从身边无数故事中看到闪烁的可能性。因为不论在哪里，不论你认识不认识他们，大家都在遵循这 10 条法则而成长，也都养成了成长思维模式。你已经看到这些人如何影响了别人，反过来又帮助了他们自己的成长；你已经看到新的解决方法是如何创造出来的，人们是如何受到启迪和鼓舞而另辟蹊径的，以及人们是如何找到自身隐藏的力量和勇气的。

当越来越多像你这样的人下定决心，要学会成长思维模式，将终身成长法则铭记心中，主动成长，决心出于自身考虑以此种方式生活，做出自己独特的贡献，在此过程中为别人做出积极的榜样。这样一来，上文提到的美好世界就能成为现实。你不必把所有10条法则学透，你只要按照其建议的方式行事即可。用这10条法则作为行动指南是很有益处的。因为，你也许能通过小路到达目的地，要是能走高速公路岂不是更好。随后几页内容也大有裨益。书就在你手里，看不看，决定权在你。未来是属于你的。

# 成长聚焦器

所有进步都始于说实话。

——丹·苏利文

要想使成长最大化，一个最有效的方法就是：始终如一地关注自己成长的方向，这样你就能不断做出关于成长的决定和选择。在这里，我们把法则一和法则二的内容相结合，设计出一种每周一次的练习。在其帮助下，你就能将每个刚刚过去的一周用作“原材料”，去打造美好的明天。

我们建议大家每周都做一次这个练习，因为，倘若等的时间太长，你可能忘记一些细小的事例，而若是时间太短，可能凑不齐足够的事例。当然，我们在后面为大家预留了空白表格，以供大家根据自身情况做出调整。

做这个练习时，需要大家思考并记下你在过去一周时间里为了成长而做的事。事情不分大小，但都要符合 10 条成长法则的描述。我们以列表的形式将每条法则下某些能增进成长的活动列了出来，以给大家做个提醒。你自己的事例可以写得更详细一些。

首先，把第一栏的内容填写好。倘若并非每周都有全部 10 条法则的对应事例，也不用担心。第二栏要记录的是你采取了这些行动之后所产生的任何结果。接着，把下面两种法则圈出来：一个是你对本周所取得的成就里最满意的那条，另一个是你下周最想有所突破的那条。针对以上两条法则，写出你选择它们的理由，以及下一步的打算。

倘若你是跟朋友或在小组里一起使用“成长聚焦器”，那么，与他们分享一下上面两条内容，往往会是一次很好的交流机会。请你的同事、朋友、伙伴、家人也做做这个练习，这样你们就能交流彼此的看法、观点。如此一来，这个练习的功效就成倍增长。其好处是，你能清晰表达出自己的观点，能听听别人成长的体会，能相互提出意见建议，并在以上过程中有所收获。

为充分利用这个练习，大家可以登录 lifetimegrowth.com，使用其线上版本。它能在线存储你每周的记录，从而使你能长时间地追踪自己的成长轨迹。如果你喜欢在纸上操作，也可以将其打印出来使用。

## 例子：一份填好的“成长聚焦器”

### 成长聚焦器

| 周（周、月，等等） | 2015年7月12日（日期） | | 2015年7月19日（日期） |
|---|---|---|---|
| 法则 | 描述 | 进展 | 结果 |
| 法则一：将来为上，过往次之 | 寻找更大可能性<br>·设定目标<br>·找到新的志向 | ·买了机票，准备踏上渴盼的旅途<br>·报名参加吉他学习班 | ·期待在尼泊尔的所见所闻<br>·想象自己在本地的即兴表演中登台 |
| 法则二：学习为上，经历次之 | ·看看什么事行得通，什么事行不通<br>·把过往经历用作“原材料” | ·发现只要早点儿出门就不会迟到 | ·上周所有的会议都准时参加了，压力也小了很多。有些客户肯定看到了我的变化 |
| 法则三：付出为上，回报次之 | ·学会不为回报做事<br>·付出，因为觉得那样做是对的 | ·到学校当志愿者 | ·分内的事做得不错；还认识了一些很酷的家长 |
| 法则四：表现为上，赞誉次之 | ·一心只想发挥出最佳水平<br>·做身心投入的实干者 | ·即使听众很少，也要拿出最好的水平演讲 | ·将其当成下个月的大型活动的无压力排练；还发现了几处需要改进的地方 |
| 法则五：感恩为上，成功次之 | ·看到别人的付出并向其表示感谢<br>·感谢使自己的人生能有今天的所有一切 | ·多想想我们是多么幸运：尽管不如往年，但在如此大旱的季节，超市里还能有这么多农产品<br>·感谢农民朋友 | ·结交了一些朋友；他们送给我一些西红柿。这是一段时间以来我在农贸市场过得最开心的时候了 |

续表

| 周<br>（周、月，等等） | 2015年7月12日<br>（日期） | | 2015年7月19日<br>（日期） |
|---|---|---|---|
| 法则 | 描述 | 进展 | 结果 |
| 法则六：乐趣为上，劳累次之 | ·将任务变成游戏<br>·投入热情和“玩心”去获取成果 | ·及时制止自己，转而用幽默的方式使孩子们听话，而不是朝他们发火。（我们都觉得很快乐！） | ·方法奏效，我想以后我会更自然地使用这一策略 |
| 法则七：合作为上，地位次之 | ·通过团队合作将成果做大<br>·抛掉自负之心<br>·真心听取他人意见 | ·开口问朱安他想要的到底是什么，而不是自认为知道他的想法。（我很惊讶，这事比我想象得简单多了！） | ·省了很多心思；他对我很感激，说以前从没有人这样问他。从此以后，他的心扉就对我打开了 |
| 法则八：信心为上，安乐次之 | ·敢于冒风险打造新能力<br>·直面恐惧<br>·戒掉借口 | ·问帕特愿不愿跟我约会<br>·骑自行车上山再下山 | ·他同意了！我们俩玩得很高兴。一点儿都不紧张<br>·上下山骑行能坚持下来，下次会更轻松一些 |
| 法则九：目标为上，金钱次之 | ·把价值观放在首位<br>·把钱看作取得更好成果的工具 | ·拒绝接受兼职工作 | ·感觉很好。因为没有短视到牺牲自由去换取稳定的生活。我相信自己能行 |
| 法则十：问题为上，答案次之 | ·自问一个能拓宽思路的问题<br>·拥抱未知，将其当成一切成长的汇集之地 | ·问自己：我到底想往哪个方向发展 | ·答案似乎不明确，但这个问题使我联想到很多有趣的事 |

## 成长聚焦器

| （周、月，等等） | （日期） | | （日期） |
|---|---|---|---|
| 法则 | 描述 | 进展 | 结果 |
| | | | |
| | | | |
| | | | |
| | | | |
| | | | |
| | | | |
| | | | |
| | | | |
| | | | |
| | | | |

# 致　谢

与本书第一版成书出版时一样，有很多人，若离开了他们的话这本书是不可能面市的。在此，我们要向他们表示最真挚的感谢：感谢史蒂夫·皮尔桑迪，有了他的设想和指导，本书才得以成型；感谢贝雷特·科勒出版社的编辑部，让我们有机会在第一版的基础上进行扩展，以形成第二版。感谢乔·伯利兹、玛丽·安妮、丽莎·佩朱安－野村、马修·帕斯莫、盖娜·雷格比、托多尔·科巴科夫、查德·约翰逊、托尼·米勒和玛丽·米勒夫妇、克利福德·施尔林、露丝·塞缪尔森、乔纳森·B·史密斯、芭布斯、布雷森·麦克唐纳、菲德尔·雷杰斯、乔恩·辛格和瑞贝卡·辛格父女、汤米·舍伍德，谢谢你们大度地让我们把你们的人生经历用作书中的典型事例。可惜我们的书太薄了，不能多说一些你们的故事，因为它们都太精彩，完全可以独立成册。感谢安东尼奥·裴让和丹·泰勒，你们在本书首版面市、第二版尚未成书之时去世，令世界为之痛心。我们万分想念你们，你们将永远活在我们心中。你们的故事仍记录在本书第二版中，希望你们会高兴。感谢基旺·西华苏马巴廉及其首批审稿员——艾米·俞、凯思林·埃珀森、安妮·玛川伽、保罗·怀特、艾琳·哈默，谢谢你们帮本书找到“形”和“魂”；同样感谢本书第二版的审稿员唐·沙茨、卡罗尔·卡泰诺、凯茜·施爱恩，感谢你们的意见和建议。感谢芭布斯，谢谢你的爱、支持、智慧，谢谢你能看到我们的成长潜力，还不断创造条件帮我们释放潜力，使其在世上发挥最大作用。感谢保罗·汉密尔顿，你用“魔力”帮我们收集事例并将各种细枝末节汇拢起来。感谢凯西·戴维斯，你是我们的工具魔法师。感谢克里斯汀·西野村、香农·沃勒、茱莉亚·沃勒、玛丽琳·沃勒、科里·辛普森、塞拉菲娜·普皮罗、哈米什·麦克唐纳、乔内里·布尔科，谢谢你们在本书修订过程中的鼎力支持和高尚德操。感谢贝雷特·科勒出版社里专业而才华横溢的工作团队，与你们共事总是很快乐。

带着“取乐”的心态做事，其结果一定不差，甚至更好。乐趣为上，劳累次之。

掌握正确的心态，再灵活一些，哪怕是在令人生畏的任务中，你也能找到乐趣并且成长。

做自己喜欢的事，设法往里面加进乐趣，如此一来，你就能找到此前未知的持续成长的机会。

始终做到“合作为上，地位次之”，你就会发现无尽的可能性，以及自己和别人的才能、机会融合时产生的增大效应。

坦诚面对自己的动机。看看你手头正在做的事，你为什么要做它？是与你自己、与你的晋升有关，还是要为别人创造成果？

感谢并欢迎别人的才能和贡献。

要做到“信心为上，安乐次之”，就需要你不断接受新的挑战，不管你怀有怎样的恐惧。

扔掉那些让你高枕无忧的东西，接受新的挑战。

记住：不适感及克服不适感所需的勇气，都是培养新能力过程中的必要元素。过了这个阶段，你就能到达新的层次，享受努力的果实。

把金钱仅仅看作实现更大目标的一种方式，你就能聚集所有的资源和回报，打造一个丰富多彩的人生，而非仅仅拥有金钱。

寻找目标，永远都比寻找金钱能带给你更多成长。

把目标陈述出来，能让别人理解你，与你合作，从而帮助你实现设想。

已知属于过去，待探索的属于未来。

问题之强大，无与伦比。其原因是，我们的大脑不能忽略疑问。而与之相反，答案是封闭式的，你将其看懂，封存，就再也不去想它了。

真正的好问题，能使你一生都在思考、成长。

只要是真正以探索的精神发问，任何问题都能助你成长。